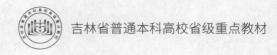
"十四五"普通高等教育本科系列教材　　　吉林省普通本科高校省级重点教材

砌体结构
（第二版）

主　编　李九阳　孙维东
副主编　武海荣　唐佳军
编　写　王　帅　董福祥
主　审　窦立军

中国电力出版社
CHINA ELECTRIC POWER PRESS

内 容 提 要

本书为"十四五"普通高等教育本科系列教材，也是吉林省首批普通本科高校省级重点教材。

本书主要介绍了砌体结构的材料及其力学性能，砌体结构的设计方法，无筋砌体及配筋砌体构件，砌体结构房屋的墙、柱设计，砌体结构房屋中的圈梁、过梁、墙梁及挑梁，以及砌体结构房屋抗震概念设计及构造措施。本书各章后均有小结和思考题，有助于加深对学习内容的理解和掌握。本书内容通俗易懂，讲解深入浅出，强化工程应用。

本书既可作为高等院校土建类专业本科学生的教材，也可作为土木工程相关工作人员日常工作的参考书。

扫码获取本书
配套数字资源

图书在版编目（CIP）数据

砌体结构/李九阳，孙维东主编. —2 版. —北京：中国电力出版社，2023.12
ISBN 978-7-5198-7935-8

Ⅰ.①砌… Ⅱ.①李…②孙… Ⅲ.①砌体结构－高等学校－教材 Ⅳ.①TU36

中国国家版本馆 CIP 数据核字（2023）第 200922 号

出版发行：中国电力出版社
地　　址：北京市东城区北京站西街 19 号（邮政编码 100005）
网　　址：http://www.cepp.sgcc.com.cn
责任编辑：孙　静
责任校对：黄　蓓　朱丽芳
装帧设计：张俊霞
责任印制：吴　迪

印　　刷：北京九天鸿程印刷有限责任公司
版　　次：2016 年 8 月第一版　2023 年 12 月第二版
印　　次：2023 年 12 月北京第一次印刷
开　　本：787 毫米×1092 毫米　16 开本
印　　张：11.25
字　　数：281 千字
定　　价：45.00 元

前　言

　　本书为"十四五"普通高等教育本科系列教材，也是吉林省首批普通本科高校省级重点教材。教材在满足《高等学校土木工程本科专业指南》（TML-TMGC-081001—2023）的基础上，结合最新《工程结构通用规范》（GB 55001—2021）、《砌体结构通用规范》（GB 55007—2021）、《建筑与市政工程抗震通用规范》（GB 55002—2021）以及注册工程师考试大纲等进行了内容更新。同时，为全面贯彻全国高校思想政治工作会议精神，充分发挥专业课程立德树人的根本任务，深度挖掘砌体结构课程内容蕴含的思想政治元素，以更好地实现专业育人、思政育人的双目标。

　　教材内容以材料—构件—结构—抗震设防为主线进行了精心编排，删减了陈旧的砌体材料及其构件形式，根据砌体结构发展现状及趋势，强化和新增了新型砌体材料、新型构件形式等内容，如增加了保温砌块、配筋砌体计算例题等内容，增加了注册工程师考试训练的内容，以强化学生综合应用能力的培养。

　　本书由李九阳、孙维东主编，武海荣、唐佳军副主编，王帅、董福祥参编。各章编写分工如下：长春工程学院李九阳，第4、6、7章；郑州城市职业学院孙维东，第1～3、5章；河南城建学院武海荣，第8章；长春工程学院唐佳军负责全书的例题修订；吉林建筑科技学院王帅参与了第4、6、7章部分内容的编写；本书编写过程中，得到了江汉大学文理学院董福祥老师的关心和大力支持。

　　全书由窦立军教授主审。

　　为学习贯彻落实党的二十大精神，本书根据《党的二十大报告学习辅导百问》《二十大党章修正案学习问答》，在数字资源中设置了"二十大报告及党章修正案学习辅导"栏目，以方便师生学习，微信扫码即可获取。

　　由于编者水平有限，书中难免有不足和疏漏之处，恳请广大教师和读者批评指正。

编　者

2023 年 10 月

第一版前言

　　本书为"十三五"普通高等教育本科系列教材，是参照高等学校土木工程学科专业指导委员会颁布的《高等学校土木工程本科指导性专业规范》，并根据《砌体结构设计规范》（GB 50003—2011）、《砌体结构工程施工质量验收规范》（GB 50203—2011）、《建筑结构荷载规范》（GB 50009—2012）和《建筑抗震设计规范》（GB 50011—2010）等最新规范编写。

　　本书主要介绍了砌体结构的材料及其力学性能，砌体结构的设计方法，无筋砌体及配筋砌体构件，砌体结构房屋的墙、柱设计，砌体结构房屋中的圈梁、过梁、墙梁及挑梁，以及砌体结构房屋抗震概念设计及构造措施。

　　本书内容密切结合我国近年来砌体结构和墙体材料改革的发展方向，弱化传统砌体材料及结构形式，突出现代砌体结构的特点。在内容顺序方面，参照多本优秀教材，进行合理编排；在内容编写方面，原理深入浅出，强化工程应用，满足应用型人才培养目标的要求。本书各章后均有小结和思考题，有的章节还具有配套设计例题和习题，帮助读者加深对各部分内容的理解和掌握。

　　本书由孙维东、李九阳主编，武海荣和董福祥参编。各章编写分工如下：长春工程学院孙维东编写第1～5章；长春工程学院李九阳编写第6、7章；河南城建学院武海荣编写第8章。全书由孙维东统稿。

　　本书承蒙长春工程学院教授张利审阅，审阅过程中提出了许多宝贵的建设性意见，在此表示衷心的感谢！

　　由于编者水平有限和编写时间仓促，书中难免有不足之处，恳请广大读者和同行专家批评指正。

编　者
2016 年 6 月

目　　录

第1章 概 述

 教学目标

1. 知识目标

（1）掌握砌体结构的概念及砌体结构的特点；

（2）了解砌体结构的应用范围；

（3）了解砌体结构的发展历史及发展现状；

（4）了解砌体结构未来的发展趋势。

2. 能力目标

（1）能够根据建筑地点、功能需求、材料供应等情况，合理选择砌体结构型式；

（2）能够正确评判砌体结构的发展方向。

3. 素质目标

（1）通过对我国砌体结构悠久历史和建筑文化的学习，增强爱国情怀和民族自信；

（2）通过对国内外砌体结构发展现状的学习，培养为国家富强、民族复兴而努力学习和工作的责任感和使命感；

（3）通过对国家产业政策、建筑行业发展方向的了解，把握行业发展脉搏，面对新的机遇和挑战。

1.1 砌体结构概述

砌体结构是一种历史悠久的结构型式，由于其具有取材方便，耐火、耐久等优点，迄今为止仍被广泛应用，而且随着砌体结构材料和结构型式的不断更新，还会在未来相当长时期被继续应用。

1.1.1 砌体结构的概念

砌体是由块体和砂浆组砌而成的整体。根据组成砌体的块材种类不同，可分为石砌体、砖砌体、砌块砌体等；按砌体是否配置钢筋，又可分为无筋砌体和配筋砌体；若将砌体与其他结构构件组合在一起，便形成组合砌体。若结构中的主要承重部分为砌体，则这种结构可称为砌体结构。

1.1.2 砌体结构的特点

1. 砌体结构的优点

砌体结构被广泛应用，是因为砌体结构有许多优点。

（1）砌体结构取材方便，造价较低。砌体所需原材料，如石材、黏土、砂子等是天然材料，可就地取材；石块、砖及混凝土砌块易于加工、生产；砌体结构可节约钢材、水泥，相比钢材、水泥，制砖的碳排放相对较少；利用工业固体废弃物生产的新型砌体材料既有利于节约天然资源，又有利于保护环境；砌筑时不需模板。

（2）砌体结构耐火性和耐久性较好。一般砌体可耐受 400℃高温，比钢结构、钢筋混凝土结构具有更好的耐火性；砌体结构具有较好的化学稳定性和大气稳定性，使用年限长。

（3）砌体结构保温、隔热性较好。与钢结构和混凝土结构相比，砌体结构，尤其是空心砖和空心砌块砌体结构，保温、隔热性能良好，既是较好的承重结构，也是良好的围护结构。

（4）砌体结构施工简单，可连续施工。砌体结构不需要特殊机具，施工操作技术简单；一般新砌筑的砌体即可承受一定的荷载，因而可以连续施工。

2. 砌体结构的缺点

与其他结构型式相比，砌体结构也存在许多缺点。

（1）砌体结构的自重大。与钢结构和混凝土结构相比，砌体强度较低，抗弯、抗拉性能很差，故必须采用较大截面尺寸的构件，致使其体积大，材料用量多，运输量也随之增加。因此，在选择砌体材料时，尽可能采用轻质、高强的材料，以减小截面尺寸并减轻自重。

（2）砌体结构砌筑工作量大。由于砌体结构多为人工砌筑，块材尺寸一般较小，砌筑工作量较大，因此，须进一步推广大、中型砌块和墙板砌体结构。此外，还可以采用砌筑机器人砌筑，可提高砌筑效率，提高砌筑工业化水平。

（3）无筋砌体结构抗震性差。砌体中砂浆和块材之间的黏结力较弱，使无筋砌体的抗拉、抗弯及抗剪强度均较低，造成无筋砌体抗震能力较差，因此，必要时可采用配筋砌体。

（4）烧结黏土砖占用土地资源。传统黏土烧结砖，需要取土、烧制，不仅损毁和占用大量的农田，而且浪费能源，对环境造成污染。因此，应尽可能采用利用工业废料制成的砖和混凝土砌块。

1.1.3　砌体结构的应用范围

由于砌体结构的诸多优点，因此应用范围广泛。

在民用建筑中，砌体结构一般应用于建筑中的基础、内外墙、柱、地沟等。乡镇住宅一般层数不多，房屋开间、进深、层高都不大，较适宜采用这种取材方便、造价经济、构造简单、施工方便、舒适耐用的结构型式，因此，在乡镇住宅中采用砌体墙体承重很普遍。2021年 5 月，我国住房和城乡建设部等 15 部门《关于加强县城绿色低碳建设的意见》（建村〔2021〕45 号）发布，规定县城新建住宅以 6 层为主，6 层及以下住宅建筑面积占比应不低于 70%，这一文件的发布，也使砌体结构在县城民用建筑当中的应用出现了新的机遇。20世纪 70 年代后期，随着配筋砌体的应用，在城市中也出现了采用配筋砌体墙体承重的高层建筑。在我国某些产石材的地区，也可用毛石承重墙建造房屋，目前有高达 5 层的石砌体房屋。

在工业厂房中，砌体往往被用来砌筑围护墙。此外，工业企业中的烟囱、料仓、地沟、管道支架、对渗水性要求不高的水池等特种结构也可采用砌体结构建造。

农村建筑，如禽舍、粮仓等也可用砌体结构建造。

在交通、运输、水利、水电工程方面，砌体结构除可用于桥梁、隧道外，各式地下渠道、涵洞、挡墙、堤坝、围堰等也常用石材砌筑。

1.2　砌体结构的发展历史及发展现状

1.2.1　砌体结构的发展简史

砌体结构历史悠久，早在原始时代，人们就用天然石材建造藏身之所，随后逐渐用石块建筑城堡、陵墓或神庙。如在我国辽宁西部喀喇沁左翼蒙古族自治县东山嘴村有一处原始社会末期的大型石砌祭坛遗址，在与其相距 50km 的建平、凌源两县交界处牛河梁村有一座女神庙遗址和数处积石群，以及一座类似城堡或方形广场的石砌围墙遗址，经碳十四测定和树轮校正，这些遗址距今已有五千多年历史。又如公元前 2723～公元前 2563 年间在尼罗河三角洲的吉萨建成的三座大金字塔，距今也有近 5000 年的历史，其中最大的胡夫金字塔，塔高 146.6m，底边长 230.6m，是用大约 230 万块 25kN 左右的石块砌筑而成。

随着石材加工业的不断发展，石砌体结构的建造艺术和水平不断提高。如公元 70～82 年建成的古罗马斗兽场（见图 1-1），平面为椭圆形，长轴 189m，短轴 156.4m，总高 48.5m，分 4 层，可容纳观众 5 万～8 万人。我国隋代大业年间（公元 605～618 年）李春建造的河北赵县安济桥（见图 1-2），为单孔空腹式石拱桥，该桥全长 50.83m，净跨 37.02m，矢高 7.23m，宽 9.6m，由 28 条纵向石拱券组成，在桥两端各建有两个小型拱券，既减轻了桥的自重，又减小了水流的阻力，使桥面较平缓。这是世界上现存最早、跨度最大的空腹式单孔圆弧石拱桥。

| 图 1-1 古罗马斗兽场 | 图 1-2 河北赵县安济桥 |

人们生产和使用烧结砖也有 3000 年以上的历史。我国在西周时期（公元前 1046～公元前 771 年）已能烧制砖瓦，在春秋战国时期（公元前 475～公元前 221 年）已能烧制大尺寸空心砖。南北朝（公元 420～589 年）以后砖的应用比较普遍。北魏（公元 386～534 年）孝文帝建于河南登封的嵩岳寺塔（见图 1-3），是一座平面为 12 边形的密檐式砖塔，共 15 层，总高 43.5m，为单筒体结构，塔底部直径 8.4m，墙厚 2.1m，高 3.4m，塔内建有真、假门504 个。该塔历经多年风雨侵蚀，仍巍然屹立，是中国现存最早的砖塔。始建于北宋（公元 550～577 年）天保十年的开封铁塔（见图 1-4），大量采用异型琉璃砖砌成，因琉璃砖呈褐色，清代时百姓称之为铁塔，平面为 8 角形，共 13 层，塔高 55.08m，地下尚有 5～6m。该塔已经受地震 38 次，冰雹 19 次，河患 6 次，雨患 17 次，至今依然耸立。中世纪在欧洲用砖砌筑的拱、券、穹窿和圆顶等结构得到了很大的发展。如公元 532～537 年建于土耳其君士坦丁堡的圣索菲亚教堂（见图 1-5），东西向长 77m，南北向长 71.7m，正中是直径 32.6m、高 15m 的穹顶，全部用砖砌成。我国以砖拱券为主体的代表性建筑南京灵谷寺无梁殿（见图 1-6），建于明朝洪武十四年（公元 1381 年），因为整座建筑全部用砖垒砌，没有木梁、木柱，故称之为无梁殿，该殿坐北朝南，前设月台，东西阔 5 间、长 53.8m，南北深 3 间、宽 37.85m，殿顶高 22m，它是我国各地寺庙同类结构中规模最大的一座。我国万里长城也是砌体结构代表性杰作，其建造时间之长，规模之大，堪称世界建筑历史的奇迹。我国长城始

建于夏代（约公元前 21 世纪～公元前 16 世纪），最初是用土夯筑而成，在秦代用乱石和土将原来秦、赵、燕北面的城墙连接起来，西起甘肃临洮，东至辽东，长达 10000 余里（1里＝500m），明代又进行了大规模修建，西起甘肃嘉峪关，东至鸭绿江，长达 12700 余里。后来修建的部分城墙是用精制的大块砖重修，如现在河北、山西北部的一段城墙，山海关至嘉峪关的部分至今大多完整。

图 1-3　河南登封的嵩岳寺塔

图 1-4　开封铁塔

图 1-5　君士坦丁堡的圣索菲亚教堂

图 1-6　南京灵谷寺无梁殿

　　砌块的生产和应用时期较短，只有 100 多年的历史，其中以混凝土砌块生产最早，这与水泥的出现有关。1824 年英国建筑工人阿斯普丁发明波特兰水泥，之后，在 1882 年混凝土砌块问世。美国于 1897 年建成了第一幢混凝土砌块结构房屋，我国第一栋混凝土砌块房屋于 1958 年建成。

1.2.2　砌体结构的国内发展现状

　　我国在几千年封建和半封建制度的束缚下，砌体结构的发展极其缓慢。新中国成立以来，砌体结构的研究和应用方面得到了迅速发展，取得了显著成就，尤其是党的十六大以来，提出了科学发展观战略思想，即立足我国现阶段的基本国情，坚持以人为本，全面、协调、可持续的发展观。砌体结构这种符合我国基本国情的结构型式也得到了迅速发展。

1. 砌体结构设计理论逐步完善

新中国成立以前，我国建造的砌体结构房屋主要是住宅和办公楼等低层民用建筑，基本是凭经验设计，缺乏可靠的设计依据。新中国成立初期，颁布了一系列砌体结构规范。1952年东北人民政府工业局拟定出砖石结构设计临时标准。1955年国家建筑工程部公布了砖石及钢筋砖石结构临时设计规范，该规范主要是参照苏联设计方法并结合我国国情编制的。1973年我国根据近20年大规模的砌体结构研究经验，并结合国际最新设计方法，颁布了《砖石结构设计规范》（GBJ 3—1973），这是我国第一部砖石结构设计规范。

1988年我国在第二次较大规模的砌体结构研究工作基础上，修订颁布了《砌体结构设计规范》（GBJ 3—1988），并相继颁布了《中型砌块建筑设计与施工规程》（JGJ/T 14—1980）、《混凝土小型空心砌块建筑设计与施工规程》（JGJ 14—1982）、《冶金工业厂房钢筋混凝土墙梁设计规程》（YS 07—1979）、《多层砖房设置钢筋混凝土构造柱抗震设计与施工规程》（JGJ 13—1982）等。有关砌体结构的设计理论和方法趋于完善，有些内容研究已达到国际先进水平。

1998年在总结新的科研成果和工程经验的基础上，对砌体结构设计规范进行了全面修订，并于2002年颁布实施了《砌体结构设计规范》（GB 50003—2001）。这版规范是根据我国科研试验及工程经验，以及国际规范、国外实践经验而编制的，体现了砌体结构最新研究成果，反映了我国砌体结构的发展已进入了现代砌体结构的发展阶段。

近年来，为满足墙体材料革新、建筑节能、环境保护、提高砌体结构防灾减灾能力的需要，结合我国砌体材料的发展、结构基本理论和工程应用的新成果，并参考国际规范及国外工程经验，对已有砌体结构设计规范进行了新一轮的修订。2011年颁布实施了《砌体结构设计规范》（GB 50003—2011）［简称《砌体规范》］，它标志着我国砌体结构领域的技术与发展进入了一个全新的层次，对推广砌体结构新材料、新技术，提高砌体结构的设计水平，增强砌体结构抵御灾害的能力，保证砌体结构的质量具有重大的意义。2016年，国家标准《墙体材料应用统一技术规范》（GB 50574—2010）颁布，对我国墙体材料制定了统一标准。2021年，《砌体结构通用规范》（GB 55007—2021）、《工程结构通用规范》（GB 55001—2021）、《建筑与市政工程抗震通用规范》（GB 55002—2021）等规范的陆续颁布，表明我国经济发展已经达到了新的水平，对人民的生命、财产更加重视。

2. 砌体结构应用范围不断扩大

新中国成立初期至20世纪80年代，砌体结构是土木工程当中的主要结构，随着基本建设规模逐渐扩大，应用的范围也逐渐扩大，不但在民用住宅中采用砌体结构，在办公、商场、影剧院，以及一些工业建筑当中，均大量采用砌体结构房屋，其中以砖砌体结构房屋居多，主要为单层和多层建筑。此外，砌体结构在交通运输和水利工程中也得到了广泛应用，大量的桥梁、护坡、堤坝等工程采用石砌体结构，一些水池、水塔、散热塔、粮仓等构筑物也主要采用砌体结构。20世纪80年代以后，由于混凝土结构、钢结构等结构形式逐渐增多，砌体结构在土木工程当中所占比例逐渐减少，但由于其经济性、保温隔热等特性，使其在土木工程当中仍占有相当的比例。而且随着近年来新的砌体材料、新的施工技术，以及新的砌体结构型式的出现，在今后相当长的历史时期，仍然会采用砌体结构。

3. 砌体新材料、新技术和新结构不断研制和使用

20世纪60年代，我国黏土空心砖（多孔砖）的生产和应用有了较大的发展。空心砖（多孔砖）与实心砖强度相当，既可以减轻墙体自重、节省砂浆、减少砌筑工时，又可以提高墙体的保温、节能效率。近年来，以煤矸石、粉煤灰等工业废料为主要原料烧制的空心砖

的应用，减少了对土地资源的占用及工业废料对环境的污染，因此，是目前重点推广和应用的砌块材料之一。

20 世纪六七十年代，混凝土小型空心砌块在我国南方城乡逐步得到推广应用。混凝土砌块强度高，自重较轻，保温、隔热性能较好，节省砂浆，砌筑效率高，而且不需要黏土，不需要烧制，具有显著的社会效益和经济效益。改革开放以来，混凝土砌块在一些大中城市也迅速推广，而且应用的项目从低层向多层，甚至向中高层发展。近年来，采用河砂、粉煤灰、煤矸石等制成的砌块种类、规格较多，其中以中、小型砌块较为普遍。混凝土砌块有节土、节能、利废方面的优势，是替代黏土砖的主要材料，也是我国墙体改革重点推广和应用的材料，具有良好的发展前景。

随着砌体结构的广泛应用，新结构形式也不断出现。20 世纪 50 年代曾用振动砖墙板建成 5 层住宅，承重墙板厚 120mm。1974 年在南京、西安等地，用空心砖制作振动砖墙板建成 4 层住宅。近 10 多年来北京等地采用内浇（混凝土）外砌的混合结构建造中高层建筑，取得了较好的经济效益。清华大学开展的多层大开间混凝土核心筒、砌体外墙的混合结构的试验研究和小规模试点工程，在改进和扩展砌体结构的性能和应用范围方面进行了有益的探索。

在大跨度的砌体结构方面，出现了以砖砌体建造的屋面、楼面结构。1958 年湖南大学采用蒸压粉煤灰硅酸盐砖和砌块建成 18m 跨的大厅。20 世纪 60 年代在南京采用带钩空心砖建成 14m×10m 的双曲扁壳屋盖的实验室，10m×10m 两跨双曲扁壳屋盖的车间，16m×16m 双曲扁壳屋盖的仓库。在西安建成 24m 跨双曲拱屋盖。20 世纪 70 年代我国还在闽清梅溪建成 88m 跨的双曲砖拱桥，见图 1-7。

图 1-7　闽清梅溪砖拱桥

我国在配筋砌体方面的研究起步较晚，但发展迅速。20 世纪 60 年代衡阳和株洲一些房屋的部分墙、柱采用网状配筋砌体承重，节省了钢材和水泥。1958～1972 年期间，在徐州采用配筋砖柱建造了一批 12～24m、吊车起重量为 50～200t 的单层厂房，使用情况良好。20 世纪 70 年代以来，尤其是 1975 年海城、营口地震和 1976 年唐山大地震之后，对配筋砌体结构开展了一系列的试验和研究，并积极探讨在中、高层砖混组合墙结构房屋中应用，取得了许多成果。1984 年中国建筑西北设计院等单位，首次在西安按八度设防要求建成一幢 6 层住宅，采用的是竖向配筋空心砖墙体。此外，采用在砖墙中加密构造柱建造高层建筑结构的研究也取得了可喜的成果。在辽宁沈阳、江苏徐州、湖南长沙等地先后建造了 8～9 层上百万平方米的此类建筑，获得了较好的经济效益。

20 世纪 80 年代，我国一些科研、教学单位还对配筋混凝土砌块剪力墙结构进行了实验研究。配筋砌块剪力墙结构在受力模式上类同于混凝土剪力墙结构，它是利用配筋砌块剪力墙承受结构的竖向和水平作用，使其作为结构的承重和抗侧力构件。配筋砌块砌体具有强度高、延性好的特点，而且配筋砌块剪力墙不需要模板，砌块上墙前已完成 40% 的收缩变形，可减少为避免收缩变形影响而配置的构造钢筋数量，因此，配筋砌块剪力墙结构在经济性方面较现浇混凝土剪力墙结构具有明显的优势。我国从 20 世纪 80 年代初陆续在广西、盘锦、上海、哈尔滨等地建造了一批配筋砌块剪力墙结构的房屋，取得了较好的经济效益。

2011 年为落实节约资源和保护环境基本国策，深入开展"十二五"时期墙体材料革新工作，有效保护耕地和环境、节约能源，提高资源利用效率，国家发展改革委员会提出了"十二五"墙体材料革新的指导思想、基本原则、主要目标、重点工作以及政策措施。相继出现了新的节能墙体型式，如自保温砌块（见图 1-8）砌筑的墙体、暖砖墙体等。暖砖是由膨胀聚苯乙烯泡沫颗粒为原料制成模具（见图 1-9），在模具内填充混凝土而成，暖砖墙体中还可以配置钢筋形成暖砖配筋砌体。自保温和暖砖墙体省去了部分外墙保温层的施工，节省了时间、人力、物力和财力，符合我国发展节能环保型材料的政策。

图 1-8　自保温混凝土砌块

图 1-9　暖砖模具

2019 年乌镇互联网峰会"红亭"项目，采用了不规则的自由曲面壳体配筋砖砌体型式，其造型新颖、别致，使古老的砌体结构在现代建筑中焕发了时代气息，见图 1-10。

随着我国建筑工业化发展进程的不断加快，砌体结构在建造技术方面也在不断地改进。首先加大了对装配式砌体建筑的研究，装配式砌体建筑是采用预制砌块砌体或干垒砌块砌体建造的建筑。其中预制砌块砌体是在工厂采用自动化机械设备，按设计尺寸将普通混凝土小型空心砌块或轻骨料混凝土小型空心砌块用砂浆砌筑成单元砌体，再运输至施工现场吊装就位的砌体。预制砌块砌体通过工厂标准化、流水线式施工作业使砌体质量得到有效保证，现场施工采用吊装安装方式，提高了建造速度。干垒砌块砌体指施工现场采用干垒砌块进行干法垒砌，通过在砌块竖向孔洞内浇筑大流动性混凝土使干垒砌体形成整体，这种砌筑方式可提高砌筑效率。上述建造方式摒弃了传统砌块砌筑工艺，在实现快速垒砌建造的同时，降低了对工人技术水平的依赖。2021 年，中国工程建设标准化协会发布了《装配式混凝土砌块砌体建筑技术规程》（T/CECS 816—2021），对装配式砌块砌体的设计与施工做出了详细规定。近年来国内研制出了各种砌筑机器人，图 1-11 所示为上海产砌筑机器人。砌筑机器人的出现，为传统的砌体结构向智能建造方向发展迈出了重要一步。砌筑机器人可大幅减少砌筑工人数量，且砌筑工时、砌筑质量明显提升，砌筑结构的机械化和工业化水平得到显著提升，可有效缓解建筑工人招工难、用工贵的问题。砌体结构建造技术的发展，也为砌体结构的发展和应用提供了新的途径。

图 1-10　大跨度空间异形砖砌体拱壳"红亭"项目　　　　　　图 1-11　砌筑机器人

1.2.3　砌体结构的国外发展现状

苏联是最先建立砌体结构设计理论和方法的国家，20 世纪 40 年代之后进行了较系统的试验研究，20 世纪 50 年代率先提出砌体结构的极限状态设计方法。20 世纪 60 年代，欧美许多国家加强了砌体结构的研究，从砌体材料、结构计算理论、设计方法到工程应用等方面都得到了一定的进展。与此同时，世界各国在砌体结构学科方面的交流和合作也逐渐加强，推动了砌体结构的发展。1967 年由美国国家科学基金会和美国结构黏土制品协会发起，在美国德克萨斯大学奥斯汀分校举行了第一届（国际）砖石砌体会议。1980 年建筑研究与文献委员会承重墙委员会（CIB. W23）颁发了《砌体结构设计与施工的国际建议》（CIB 58）。国际标准化协会砌体结构技术委员会 ISO/TC 179 于 1981 年成立，并开展了国际砌体结构设计规范的编制工作。

20 世纪 60 年代以来，国外研究、生产出了许多性能好、质量高的砌体材料，推动了砌体结构的迅速发展。1891 年在美国芝加哥建造了一幢 17 层砖房，由于当时的技术条件限制，底层承重墙厚 1.8m。而于 1957 年在瑞士苏黎世采用强度为 58.8MPa、空心率为 28% 的空心砖建成了一幢 19 层塔式住宅，墙厚只有 380mm。在意大利，5 层及 5 层以下的居住建筑有 55% 采用砖墙承重，砖的抗压强度一般可达 30～60MPa；英国多孔砖的抗压强度为 35～70MPa，抗压强度最高的达到 140MPa；美国生产的砖抗压强度多为 17.2～140MPa，最高的可达 230MPa。国外空心砖的表观密度一般为 13kN/m³，轻的达 6kN/m³。国外砌体所采用的砂浆强度通常也较高，美国 ASTMC 标准规定的 M、S 和 N 三类水泥石灰混合砂浆，抗压强度分别为 25.5、20、13.9MPa；德国的砂浆抗压强度为 13.7～14.1MPa。此外，国外还研制出了高黏结强度砂浆，如美国 Dow 化学公司已生产的高黏结强度砂浆，掺有聚氯乙烯乳胶，抗压强度可超过 55MPa，用这种砂浆砌筑强度为 41MPa 的砖，其砌体强度可达 34MPa。

高强砌体材料的发展，使利用砌体结构建造高层房屋成为可能。首先，高层砌体结构房屋在经济性方面比混凝土结构及钢结构房屋具有优势。如 1970 年在英国诺丁汉市建成一幢 14 层房屋（内墙 230mm 厚，外墙 270mm 厚），与钢筋混凝土框架结构相比上部结构造价降低 7.7%；英国利物浦皇家教学医院的 10 层职工住宅采用空心墙，内叶为半砖厚（102.5mm）承重墙，外叶为白色混凝土面砖，节省了材料，减轻了结构自重，经济效果显著。此外，高层砌体结构房屋在抗震性方面也能满足一般抗震设防要求，如美国、新西兰等国采用配筋砌体在地震区建造的高层房屋可达 13～20 层；美国帕萨迪纳市的希尔顿饭店为 13 层高强混凝土砌块结构，经受圣佛南多大地震后完好无损，而毗邻的一幢 10 层钢筋混凝土结构却遭受严重破坏。

21 世纪初，德国、奥地利采用了预制装配式砌体墙体，这种墙体是根据施工图纸将建筑墙体分割成若干墙体单元并由机器在工厂砌筑而成，之后将砌筑好的墙体绑扎好，由专车运送到施工现场进行拼装，整个过程机械化程度高，所需施工人员较少且施工效率高。

2013 年加泰罗尼亚高等建筑研究院（IAAC）采用了 3D 打印技术打印了黏土砖，使打印技术应用到了砌体结构领域，为砌体结构块材形式和砌体结构型式（如曲面结构型式）提供了广阔的应用空间。

2016 年澳大利亚工程师马克·皮瓦茨（Mark Pivac）开发出世界首台全自动砌砖机器人"哈德良"（Hadrian），而今已发展为"Hadrian X"。它可以一天 24 小时不间断工作，每小时能砌 1000 块砖，两天内就能砌完一栋房子。在美国、瑞士等国家也相继研制了砌筑机器人。

由国内外砌体结构的发展情况可见，砌体结构作为一种传统结构型式，在今后相当长的时期内仍将占有重要的地位。

1.3　砌体结构的发展趋势

随着社会经济的发展、科学技术的进步，砌体结构势必继续发展和完善，其基本趋势主要有以下几个方面：

1. 发展轻质、高强、高性能、可持续发展的新材料

发展轻质、高强块体材料，尤其是研制高黏结强度砂浆，有效提高砌体强度，减轻墙体自重，是砌体结构的一个重要发展方向。采用空心砖、混凝土砌块，利用工业废料生产砌体块材，是实现砌体结构可持续发展的必然途径。

2. 加强砌体结构的理论和试验研究

进一步研究砌体结构的破坏机理和受力性能，建立精确而完整的砌体结构理论，积极探索新的砌体结构形式，是结构工程界关心的课题。新中国成立以来，我国对砌体结构理论、设计方法的研究取得了很大成绩。但是，目前在砌体的各项力学性能、破坏机理及砌体与其他结构材料共同工作机制等方面还有许多未能很好解决的课题，砌体结构的动力响应、抗震性能及砌体结构的耐久性和砌体结构加固技术也有待于进一步深入研究。砌体结构的仿真模拟技术、设计计算手段有待进一步丰富和完善。

3. 推广配筋砌体结构

国内、外的研究成果及试点工程均已表明，在中高层（8～18 层）建筑中，采用配筋砌体结构，尤其是配筋砌块剪力墙结构，可提高结构的强度和抗裂性，能有效提高砌体结构的整体性和抗震性能，且能节约钢筋和木材，施工速度快，经济效益明显。因此，应深化配筋砌体结构的研究，并在中高层建筑当中积极推广应用配筋砌体结构。

4. 提高砌体结构的建造技术和建筑质量

目前，砌体结构基本采用手工砌筑方式，劳动效率低下，施工质量不易保证。因此，推

广采用大、中型砌块建筑或砌体墙板建筑，以及砌筑机器人、3D 打印技术，提高砌体建筑的工业化、机械化水平，加强对砌体结构施工质量控制体系和质量检测技术的研究，也是未来砌体结构亟待解决的问题和发展方向。

本章小结

（1）砌体是由块材和砂浆组砌而成的整体，根据组成砌体的块材种类不同，可分为石砌体、砖砌体、砌块砌体等；按砌体是否配置钢筋，又可分为无筋砌体和配筋砌体。若结构当中的主要承重部分为砌体，这种结构称为砌体结构。

（2）砌体结构的主要优点有：取材方便、造价较低；耐火性和耐久性较好；保温、隔热性较好；施工简单、可连续施工。由于砌体结构的优点，使其在土木工程领域得到了广泛的应用。

（3）我国自新中国成立以来，砌体结构得到了迅速发展，主要体现在：砌体结构的设计理论逐步完善；砌体结构的应用范围不断扩大；砌体新材料、新技术和新结构不断研制和使用。在国外，砌体结构设计理论、材料以及新型结构形式方面都得到了一定的进展。

（4）砌体结构的发展趋势为：发展轻质、高强、高性能、可持续发展的新材料；加强砌体结构的理论和试验研究；推广配筋砌体结构；提高砌体结构的建造技术和建筑质量。

思 考 题

1-1　什么是砌体结构？

1-2　砌体结构有哪些主要优点和缺点？其主要应用范围是什么？

1-3　砌体结构在国内外的发展现状如何？

1-4　砌体结构的发展趋势主要有哪几个方面？

第 2 章　砌体材料及其力学性能

 教学目标

1. 知识目标

（1）熟悉砌体材料的种类、规格及强度；

（2）熟悉砌体的种类及应用情况；

（3）掌握砌体的受力性能；

（4）熟悉砌体的变形和其他性能。

2. 能力目标

（1）能够合理选择砌体结构的种类和材料；

（2）能够正确分析和判断砌体的受力阶段和破坏形态。

3. 素质目标

（1）通过对砌体材料的学习，能够深入理解绿色、低碳的发展理念，为人类可持续发展做出应有的贡献；

（2）通过对砌体受力性能的学习，培养科学、严谨的学习和工作态度。

2.1　砌体的材料

砌体是块材和砂浆的复合体。组成砌体的块材和砂浆的种类不同，砌体的受力性能也不尽相同。了解砌体材料及其力学性能，是掌握砌体结构受力性能和设计理论的基础。

2.1.1　块材

块材是砌体的主要部分，通常占砌体总体积的 78% 以上。目前我国常用的块材可分为以下几类。

1. 烧结砖

以煤矸石、粉煤灰、页岩或黏土为主要原料，经过焙烧而成的砖称为烧结砖。烧结砖按孔洞率大小可分为烧结普通砖和烧结多孔砖。

（1）烧结普通砖。无孔洞或孔洞率小于 15% 的烧结砖称为烧结普通砖。我国烧结普通砖的统一规格为 240mm×115mm×53mm，重力密度为 $16\sim18kN/m^3$。

烧结普通砖强度较高，耐久性能良好，可用于房屋的墙体，也可用来砌筑地面以下的带形基础、地下室墙体及挡土墙等潮湿环境下的砌体和受较高温度作用的构筑物。但烧结普通砖自重较大，浪费原料和能源，以黏土为主要原料的烧结普通砖还会造成大量的农田破坏，因此，我国自 1992 年以来逐步推进墙体材料革新和推广节能建筑，2020 年全国县级（含）以上城市禁止使用实心黏土砖，地级城市及其规划区（不含县城）禁止使用黏土制品。

（2）烧结多孔砖。烧结多孔砖为大面有孔的砖，孔多而小，使用时孔洞垂直于受压面。

烧结多孔砖的孔洞率不小于 15％且不大于 35％。烧结多孔砖规格尺寸各地不同，常用的有 M 型砖和 P 型砖，见图 2-1。烧结多孔砖的重力密度一般为 11~14kN/m³。烧结多孔砖如孔洞率超过 35％，则称为大孔砖；孔大而少，也可称为空心砖。多孔砖一般用于非承重墙体。

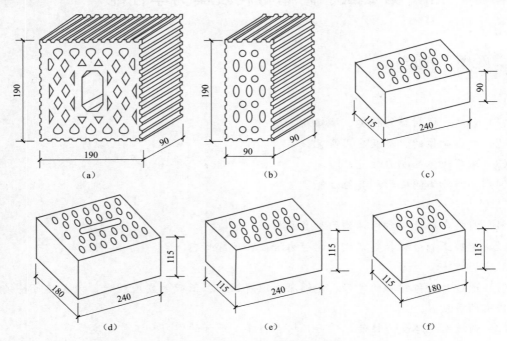

图 2-1　常用的几种烧结多孔砖
(a) KM1 型；(b) KM1 型配砖；(c) KP1 型；(d) KP2 型；(e)、(f) KP2 型配砖

烧结普通砖和烧结多孔砖的强度等级共分为 MU30、MU25、MU20、MU15、MU10 五个强度等级。

烧结多孔砖相比烧结普通砖表观密度小，节省原料、燃料，保温、隔热性能好，是替代烧结实心砖的墙体材料之一，由黏土烧制的多孔砖，在地级城市及其规划区（不含县城）应避免选用。

2. 非烧结硅酸盐普通砖

非烧结硅酸盐普通砖是以工业废渣、石灰、砂等为主要原料，经高压蒸汽养护而制成的砖。非烧结硅酸盐普通砖规格尺寸同烧结普通砖，重力密度为 14~18kN/m³。非烧结硅酸盐普通砖与烧结普通砖相比收缩值较大，砌体易出现裂缝，且砌体耐久性较差，所以不宜用于防潮层以下的勒脚、基础及高温、有酸性侵蚀的砌体中，2011 年开始国内部分地区已经禁止使用非烧结硅酸盐普通砖。

非烧结硅酸盐普通砖强度等级分为 MU25、MU20、MU15 三个强度等级。

3. 混凝土砖

混凝土砖是以水泥为胶凝材料，以砂、石等为主要集料而制成的砖。可分为实心的混凝土普通砖和带孔的混凝土多孔砖。混凝土实心砖的主要规格尺寸有 240mm×115mm×53mm、240mm×115mm×90mm，重力密度为 22~24kN/m³；混凝土多孔砖的主要规格有 240mm×115mm×90mm、240mm×190mm×90mm、190mm×190mm×90mm 等，孔洞率不小于 30%。多孔混凝土砖随孔洞率大小不同，重力密度变化范围较大。

混凝土砖取材方便，生产工艺简单，耐久性好，可节约土地资源和能源，减少对环境的污染，但是与烧结砖相比，其重力密度较高，保温、隔热性较差，水泥用量较多。

混凝土砖强度等级分为 MU30、MU25、MU20、MU15 四个强度等级。

4. 砌块

与砖相比尺寸较大的人造块体称为砌块。砌块规格尺寸尚不统一，通常把高度在 180～350mm 的砌块称之为小型砌块，高度在 360～900mm 的砌块称为中型砌块，高度大于 900mm 的砌块称为大型砌块。小型砌块尺寸较小、自重较轻、型号多，使用灵活，便于手工操作，目前在我国应用较广泛。中型、大型砌块尺寸较大、自重较重，适用于机械起吊和安装，可提高施工速度、减轻劳动强度，但其型号不多，使用不够灵活，目前较少采用。砌块按有无孔洞或空心率大小可分为实心砌块和空心砌块。一般将无孔洞或空心率小于 25% 的砌块称为实心砌块，空心率大于或等于 25% 的砌块称为空心砌块。

在我国大力推广节土、节能、利废的墙改政策激励下，建筑砌块工业发展迅速，砌块类型多种多样。作为承重墙体的砌块主要有以下几种。

（1）普通混凝土小型空心砌块。普通混凝土小型空心砌块（简称混凝土砌块或砌块）的混凝土集料为普通砂石，这种砌块在世界上的生产和应用已有 100 多年历史，其生产工艺成熟、生产设备简单，生产砌块的原材料资源丰富，成本低廉。普通混凝土小型空心砌块具有强度高、质量轻、耐久性好、外形尺寸规整等优点，已成为世界范围内流行的建筑墙体材料。我国从 20 世纪 60 年代开始对混凝土砌块的生产和应用进行研究和探索，取得了显著进展。目前，普通混凝土小型空心砌块已成为我国发展新型墙体材料的主导产品。它的主规格尺寸为 390mm×190mm×190mm，用于承重的砌块空心率为 25%～50%。图 2-2 所示为常用的几种混凝土小型砌块。

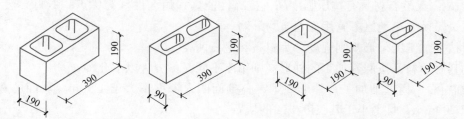

图 2-2   常用混凝土小型空心砌块

（2）轻集料混凝土小型空心砌块。轻集料混凝土小型空心砌块（简称轻集料混凝土砌块）包括煤矸石混凝土砌块和孔洞率不大于 35% 的火山渣、浮石和陶粒混凝土砌块。它具有轻质、高强、保温隔热性能好等特点，在各种建筑的墙体中得到广泛应用，特别适用于对保温隔热要求较高的围护结构。随着墙改和建筑节能的发展，轻集料混凝土小型空心砌块将成为我国很有发展前途的新型墙体材料。目前我国轻集料混凝土小型空心砌块的主要规格尺寸与普通混凝土小型空心砌块的主规格尺寸相同，但孔的排数有单排孔、双排孔、三排孔和四排孔等四种类型，孔排数的增加有利于进一步改善其保温隔热性能，图 2-3 所示为双排孔轻集料混凝土小型砌块。

（3）粉煤灰小型空心砌块。粉煤灰小型空心砌块是指以水泥、粉煤灰、各种轻重集料、

图 2-3　双排孔轻集料
混凝土小型砌块

水为主要材料制成的小型空心砌块。它具有轻质、高强、热工性能好、利废等特点，被广泛应用于建筑结构的内外墙体。它的主规格尺寸与孔的排数与轻集料混凝土小型空心砌块相同。

　　随着我国墙体改革的不断深入，出现了自保温混凝土复合砌块，如图 2-4 所示。此种砌块建造的建筑物，不但可以达到规定的建筑节能标准，而且还克服了现行外墙外保温存在的外墙开裂、外保温层脱落、保温层耐久性差等缺陷。保温复合砌块既适合北方的冬季保温，也适用于南方的夏季隔热，具有广泛的地区适应性。我国住房和城乡建设部 2014 年发布了《自保温混凝土复合砌块墙体应用技术规程》（JGJ/T 323—2014），混凝土自保温复合承重砌块已被用于多层混凝土小砌块建筑和配筋小砌块建筑。

图 2-4　自保温混凝土复合砌块

　　混凝土砌块的强度等级分为 MU20、MU15、MU10、MU7.5、MU5 五个强度等级。

5. 石材

　　砌体结构所采用的石材一般为重质天然石，如花岗岩、砂岩、石灰岩等，重力密度多大于 $18kN/m^3$。天然石材具有抗压强度高、抗冻性能好、耐久性好等优点。石材导热系数大，因此，在炎热及寒冷地区不宜用作建筑物外墙。

　　石材按其加工的外形规则程度分为料石和毛石两类。

　　（1）料石。料石按照其加工的外形规则精度不同又可分为以下几种：

　　1）细料石。通过细加工，外形规则，叠砌面凹入深度不大于 10mm，截面的宽度、高度不小于 200mm，且不小于其长度 1/4 的块石。

　　2）粗料石。规格尺寸同细料石，但叠砌面凹入深度不大于 20mm 的块石。

　　3）毛料石。外形大致方正，一般不加工或稍加工修整，高度不小于 200mm，叠砌面凹入深度不大于 25mm 的块石。

　　（2）毛石。毛石是形状不规则、中部厚度不小于 200mm 的块石。

　　石材的强度等级分为 MU100、MU80、MU60、MU50、MU40、MU30、MU20 七个强度等级。

2.1.2　砂浆

　　砂浆是由胶凝材料、细骨料、掺加剂和水配置而成。按砂浆用途不同，可分为砌筑砂浆、抹面砂浆和特种砂浆，用于砌筑各种块材的砂浆称为砌筑砂浆。

1. 砌筑砂浆的作用

　　砌筑砂浆的作用是将单个块体连成整体，并垫平块体上、下表面，使块体应力分布较为均匀，以利于提高砌体的强度，同时填满块体之间的缝隙，减小砌体的透气性，提高砌体的保温、隔热、防水和抗冻性能。

2. 砌筑砂浆的分类

砌筑砂浆根据砌筑块材的不同性能和特点，分为普通砂浆、混凝土砌块专用砂浆和非烧结硅酸盐砖专用砂浆。

(1) 普通砂浆。普通砂浆按其组成成分可分为以下三种：

1) 水泥砂浆。水泥砂浆是由水泥、砂和水搅拌而成，具有较高的强度和较好的耐久性，适用于砌筑对砂浆强度要求较高的砌体及潮湿环境中的砌体。但是，这种砂浆的和易性和保水性较差，施工难度较大。

2) 混合砂浆。在水泥砂浆中掺入塑化剂的砂浆称为混合砂浆。掺入的塑化剂一般有石灰或石膏。混合砂浆具有一定的强度和耐久性，而且和易性、保水性较好，在一般墙体中广泛应用，但不宜用于潮湿环境中的砌体。

3) 非水泥砂浆。非水泥砂浆是指不含水泥的砂浆，例如石灰砂浆、石膏砂浆和黏土砂浆等。这类砂浆强度低、耐久性差，只适用于承受荷载不大的砌体或临时性建筑物、构筑物砌体。

(2) 混凝土砌块专用砂浆。由水泥、砂、水以及根据需要掺入掺合剂和外加剂等成分，按一定比例，采用机械搅拌而成，专门用于砌筑混凝土砌块的砌筑砂浆，简称为砌块专用砂浆。

工程实践证明，由于砌块材料的物理性能与烧结普通砖和烧结多孔砖差别甚大，采用普通砂浆砌筑混凝土砌块时，常出现灰缝不饱满、灰缝厚度不够、块体与砂浆之间的黏结力达不到设计要求等问题，严重影响砌体的质量。采用混凝土砌块专用砂浆，对提高混凝土砌块砌体质量起到重要的作用。近年来，在混凝土砖和混凝土多孔砖的应用中，同样存在上述问题。因此，混凝土砖砌体、混凝土多孔砖砌体、砌块砌体应采用砌块专用砂浆砌筑。

(3) 非烧结硅酸盐砖专用砂浆。由水泥、砂、水以及根据需要掺入掺合剂和外加剂等成分，按一定比例，采用机械搅拌而成，专门用于砌筑非烧结硅酸盐砖砌体，且砌体抗剪强度不低于烧结普通砖砌体取值的砂浆。

蒸压灰砂普通砖和蒸压粉煤灰普通砖由于表面光滑，与砂浆之间的黏结力较差，砌体沿灰缝的抗剪强度较低，影响了其在地震设防区的推广与应用。为了保证砂浆砌筑时的工作性能和砌体抗剪强度不低于用普通砂浆砌筑的烧结普通砖砌体，对于蒸压灰砂普通砖和蒸压粉煤灰普通砖等蒸压硅酸盐砖砌体应采用工作性能好、黏结强度高的专用砂浆砌筑。

3. 砂浆的强度等级

我国的砂浆强度等级是采用边长为 70.7mm 的立方体试块，在标准条件下养护 28d，按规定的试验方法测得的抗压强度，并按计算规则确定的强度值来确定的。

(1) 烧结普通砖、烧结多孔砖、蒸压灰砂普通砖和蒸压粉煤灰普通砖砌体采用的普通砂浆强度等级：M15、M10、M7.5、M5 和 M2.5。

(2) 混凝土普通砖、混凝土多孔砖、单排孔混凝土砌块和煤矸石混凝土砌块砌体采用的砂浆强度等级：Mb20、Mb15、Mb10、Mb7.5 和 Mb5。

(3) 蒸压灰砂普通砖和蒸压粉煤灰普通砖砌体采用的专用砌筑砂浆强度等级：Ms15、Ms10、Ms7.5、Ms5。

（4）双排孔或多排孔轻集料混凝土砌块砌体采用的砂浆强度等级：Mb10、Mb7.5、Mb5。

（5）毛料石、毛石砌体采用的砂浆强度等级：M7.5、M5、M2.5。

2.2 砌 体 的 种 类

砌体按其配筋与否可分为无筋砌体、配筋砌体。仅由块体和砂浆组成的砌体称为无筋砌体。配筋砌体是在砌体中设置了钢筋或钢筋混凝土的砌体。

2.2.1 无筋砌体

无筋砌体按块材的种类不同可分为砖砌体、砌块砌体和石砌体。

1. 砖砌体

砖砌体可分为烧结普通砖砌体、烧结多孔砖砌体、混凝土普通砖砌体、混凝土多孔砖砌体以及各种硅酸盐砖砌体。

普通砖砌体主要应用于建筑物的墙、柱、基础、挡土墙、涵洞等。多孔砖和硅酸盐砖砌体主要应用于建筑地面以上的墙体。为保证砌体的整体性，块材应错缝搭接，如普通砖砌体通常采用一顺一丁、梅花丁和三顺一丁的砌筑方式，见图 2-5。烧结普通砖、混凝土普通砖和非烧结硅酸盐砖砌体的墙厚可为 120mm（半砖）、240mm（1 砖）、370mm（1 砖半）、490mm（2 砖）、620mm（2 砖半）、740mm（3 砖）等。如果墙厚不按半砖而按 1/4 砖进位，则需加一块侧砖而使厚度为 180、300、420mm 等。目前国内常用几种规格的烧结多孔砖和混凝土多孔砖可砌成 90、180、190、240、290、370mm 和 390mm 等厚度的墙体。

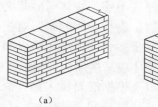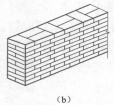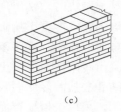

（a） （b） （c）

图 2-5 砖的砌筑方式
（a）一顺一丁；（b）梅花丁；（c）三顺一丁

夹心墙是一种适用于严寒、寒冷地区的一种空心砌体型式。这种墙由内外两叶墙组成，见图 2-6，两叶墙之间用防锈的金属拉结件连接，中间的空心部分可以填充保温板。这种复合墙不仅装饰效果良好，且可调整保温层材料和厚度，满足不同地区的保温隔热要求，其防渗、冷凝、耐火、隔声等性能也十分优越。

2. 砌块砌体

我国目前使用的砌块砌体多为混凝土小型空心砌块砌体，主要用于多层民用建筑、工业建筑的墙体结构。混凝土小型空心砌块在砌筑中较一般砖砌体复杂，一方面要保证上下皮砌块搭接长度不得小于 90mm；另一方面，要保证空心砌块孔对孔、肋对肋砌筑。因此在砌筑前应设计各配套砌块的排列方式，要尽量采用主规格砌块。砌块墙不得与烧结普通砖等混合砌筑。砌块墙体一般由单排砌块砌筑，即墙厚度等于砌块宽度。

3. 石砌体

石砌体可分为料石砌体、毛石砌体和毛石混凝土砌体，见图 2-7。

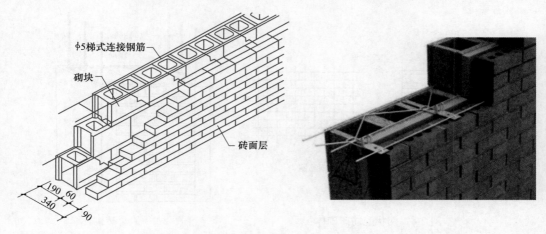

图 2-6 夹心墙

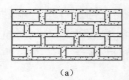 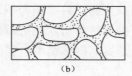 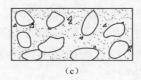

(a)   (b)   (c)

图 2-7 石砌体的几种类型
(a) 料石砌体；(b) 毛石砌体；(c) 毛石混凝土砌体

料石砌体和毛石砌体均用砂浆砌筑。料石砌体可以用作民用房屋的承重墙、柱和基础，还可以用于建造石拱桥、石坝和涵洞等。毛石砌体可用于建造一般民用建筑房屋及规模不大的构筑物基础，也常用于挡土墙和护坡。毛石混凝土砌体是在模板内交替铺设混凝土及形状不规则的毛石层而形成的石砌体。毛石混凝土砌体多用于一般民用房屋和构筑物的基础及挡土墙等。

2.2.2 配筋砌体

为提高砌体承载力、整体性及减小构件截面尺寸，可在砌体中设置钢筋、钢筋混凝土或钢筋砂浆。配筋砌体可分为配筋砖砌体和配筋砌块砌体，其中配筋砖砌体又可分为网状配筋砖砌体、组合砖砌体及砖砌体和钢筋混凝土构造柱组合墙；配筋砌块砌体又可分为均匀配筋砌块砌体、集中配筋砌块砌体以及均匀-集中配筋砌块砌体。

1. 配筋砖砌体

(1) 网状配筋砖砌体。网状配筋砖砌体也称为横向配筋砖砌体，是在砖砌体的水平灰缝内配置钢筋网片或水平钢筋的砌体，见图 2-8。这种砌体在受压时，网状配筋可约束和限制砌体的横向变形以及竖向裂缝的开展和延伸，从而提高砌体的受压承载力。网状配筋砖砌体主要用于承受轴向力较大、无偏心或偏心距较小的受压构件。

(2) 组合砖砌体。组合砖砌体是由砖砌体和钢筋混凝土面层或钢筋砂浆面层组成的砌体，见图 2-9。这种砌体可提高砌体的抗压、弯、剪能力，可用于轴向力偏心距较大的砌体，但该做法施工较麻烦，应用较少。

(3) 砖砌体和钢筋混凝土构造柱组合墙。砖砌体和钢筋混凝土构造柱组合墙是在砖砌体的转角、交接处以及每隔一定距离设置钢筋混凝土构造柱的砌体，见图 2-10。一般在该砌体

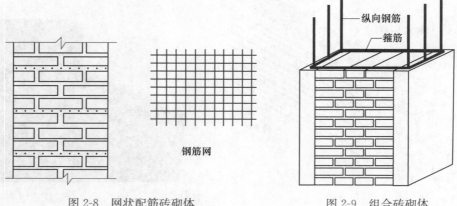

图 2-8　网状配筋砖砌体　　　　　　　图 2-9　组合砖砌体

各层楼盖处设置钢筋混凝土圈梁，使砖砌体、构造柱、圈梁组成一个共同受力的整体结构，以提高砌体的承载力、变形能力。实践证明，砖砌体和钢筋混凝土构造柱组合墙建造的多层砖砌体结构房屋的抗震性能较无筋砖砌体结构房屋的抗震性能有显著改善，同时抗压和抗剪强度也有一定程度的提高，该做法也是提高砌体结构抗震性能的措施之一。

　　2. 配筋砌块砌体

　　配筋砌块砌体是在混凝土空心砌块砌体的水平灰缝中配置水平钢筋，在孔洞中配置竖向钢筋并用混凝土灌实的一种配筋砌体，见图 2-11。配筋砌块砌体以小型混凝土空心砌块配筋砌体应用最为广泛。

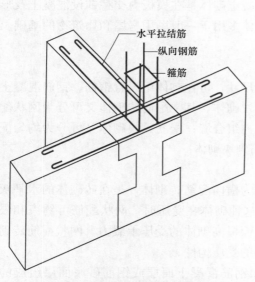

图 2-10　砖砌体和钢筋混凝土构造柱组合墙

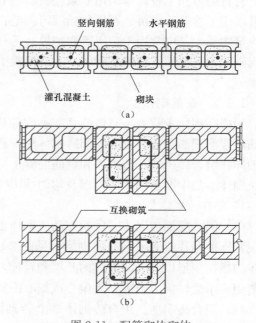

图 2-11　配筋砌块砌体
(a) 均匀配筋砌块砌体；(b) 集中配筋砌块砌体

配筋砌块砌体按配筋情况可以分为以下几类：

（1）均匀配筋砌块砌体。均匀配筋砌块砌体是均匀在砌块墙体上下贯通的竖向孔洞中配置竖向钢筋，并用灌孔混凝土灌实，在水平灰缝中配置水平钢筋，使竖向和水平钢筋与砌体形成一个共同工作的整体又称为配筋砌块剪力墙，见图 2-11（a）。均匀配筋砌块砌体可用于大开间建筑和中高层建筑。

（2）集中配筋砌块砌体。集中配筋砌块砌体仅在砌块墙体的转角、接头部位及较大洞口的边缘砌块孔洞中设置竖向钢筋，并在这些部位砌体的水平灰缝中设置一定数量的钢筋网片的砌体，见图 2-11（b），主要用于中、低层建筑。

（3）均匀-集中配筋砌块砌体。均匀-集中配筋砌块砌体的配筋方式为均匀配筋砌块砌体和集中配筋砌块砌体两种配筋方式结合，可根据房屋高度和结构形式灵活布置，其适用范围较广。

配筋砌块砌体不仅可提高砌体的承载力和抗震性能，还可扩大砌体结构的应用范围。例如高强混凝土砌块通过配筋与浇筑灌孔混凝土，作为承重墙体可砌筑 10～20 层的建筑物，而且相对于钢筋混凝土结构具有不需要支模、不需再做贴面处理及耐火性能良好等优点。

2.3　砌体的受压性能

在实际工程中，砌体主要用作受压构件，因此，砌体的受压性能是需要重点了解和掌握的性能，以下介绍常用的无筋砌体受压性能。

2.3.1　砌体受压破坏特征

1. 砌体受压破坏过程

现以轴心受压普通砖砌体为例，说明砌体从加载至破坏的过程。图 2-12 所示为砖砌体受压破坏特征示意图，试件尺寸为 240mm×370mm×720mm。通过大量试验表明，其受力过程可分为以下三个阶段：

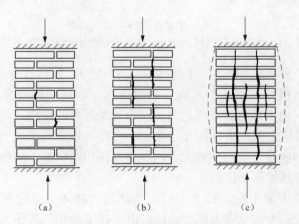

图 2-12　砖砌体受压破坏特征
（a）出现单砖裂缝；（b）形成贯通竖向裂缝；（c）极限状态

第一阶段：从开始加荷到砌体中个别单砖出现裂缝，见图 2-12（a），为砌体加载至破坏过程的第一阶段。单砖出现第一条（第一批）裂缝的荷载大致为砌体极限荷载的 50%～70%。如果此时不再继续增大荷载，单砖裂缝并不发展。

第二阶段：随着荷载的继续增加，砌体内的单砖裂缝不断开展和延伸，逐渐形成贯通多皮砖的连续裂缝，同时还有新的裂缝不断出现，见图 2-12（b）。当荷载达到砌体极限荷载的 80%～90%时，即使不再增加荷载，裂缝仍会继续发展。实际工程中，如果发生这样的裂缝，可以认为砌体已接近破坏，应当采取紧急措施。

第三阶段：若荷载继续增加，裂缝很快延长、加宽，砌体被贯通的竖向裂缝分割成若干独立小柱，见图 2-12（c），最终这些小柱或被压碎或失稳而导致砌体试件破坏。砌体破坏时的压力除以砌体截面积所得的应力值为砌体的极限抗压强度。

2. 砌体受压时应力状态分析

从砖砌体受压试验可以看出砌体受压破坏的两个重要特点：①砌体破坏总是从单砖出现裂缝开始；②砌体的抗压强度总是低于所用砖的抗压强度。分析这种特点出现的原因，发现单块砖在砌体中并非处于均匀受压状态，而是由于受多种因素影响，处于复杂的应力状态，可归纳为以下几个方面：

（1）砌体中单块砖处于压、弯、剪复合应力状态。砌体在砌筑过程中，由于水平砂浆铺设不饱满、不均匀，加之砖表面可能不十分平整，使砖在砌体中并非是均匀受压状态，而是处于压、弯、剪复合应力状态，见图 2-13（a）。另一方面，由于砖与砂浆变形模量不同，砂浆层可视为砖的弹性地基，也会使砖的弯、剪应力增大，见图 2-13（b）。由于砖的抗弯、抗剪强度很低，因而在弯、剪应力作用下，很容易开裂，使其抗压强度受到影响，这与砖在实验室采用标准试验方法测抗压强度时的应力状态有较大差别。

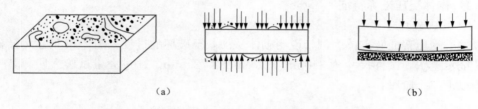

（a）　　　　　　　　　　　　　　　　　　　　（b）

图 2-13　砌体中单砖受力示意图

（a）砖面应力状态示意图；（b）弹性地基作用示意图

（2）砌体中砖与砂浆层交互作用使砖承受水平拉应力。砌体在受压时要产生横向变形，砖和砂浆的弹性模量和横向变形系数不同，一般情况下，砖的横向变形小于砂浆的横向变形，见图 2-14。但是，由于砖与砂浆层之间黏结力和摩擦力的作用，使二者的横向变形保持协调，因而在砖与砂浆层之间产生横向相互作用，使砖产生横向拉应力，砂浆层产生横向压应力，见图 2-15。砖和砂浆等级相差越大，这种交互作用越明显。砖的横向拉应力会促使砖裂缝出现和发展，使砌体抗压强度降低。

（3）竖向灰缝处应力集中使砖处于不利受力状况。砌体中竖向灰缝一般不饱满、不密实，易在竖向灰缝两侧砖中产生应力集中，同时由于砂浆硬化过程中收缩，使砌体在竖向灰缝处整体性明显削弱，将产生较大的横向拉应力和剪应力集中，加速了砌体中单砖开裂，引起砌体强度降低。

2.3.2　影响砌体抗压强度的主要因素

影响砌体抗压强度的因素有很多，主要有以下几个方面：

1. 块体的强度及外形尺寸

块体的抗压强度是影响砌体抗压强度的主要因素。实验表明，块体抗压强度提高一倍，

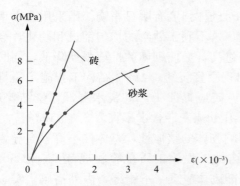
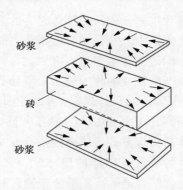

图 2-14　砖与砂浆受压应力-应变曲线　　图 2-15　砖与砂浆层交互作用示意图

砌体的抗压强度提高 50％左右，块体的强度越高，其抗压、弯、剪、拉的能力越强，砌体的抗压强度越高。

块体厚度和外形规整程度对砌体的抗压强度影响也很大，块体厚度大，在砌体中所受的弯、剪、拉应力越小，有利于推迟块体裂缝的出现，从而延缓了砌体的破坏，使其抗压强度提高。

2. 砂浆的强度和性质

砂浆的强度、变形性能及砂浆的流动性和保水性对砌体强度也有直接影响。

（1）砂浆的强度。砂浆的强度等级越高，砂浆自身的承载能力越高。试验表明，砂浆的强度等级提高一级，砌体的抗压强度可提高 20％左右，但当砂浆强度等级过高时，对砌体抗压强度的提高并不明显。因此，在砌体中块体与砂浆的强度等级应相互匹配。

（2）砂浆的变形性能。砂浆变形能力越大，块体在砌体中的弹性地基梁作用越大，使块体中的弯、剪应力增加，同时，块体与砂浆在发生横向变形时的交互作用增大，使块体中的横向拉应力加大，从而会导致砌体抗压强度降低。

（3）砂浆的流动性和保水性。砂浆的流动性和保水性好，铺砌时容易使灰缝饱满、均匀和密实，减小单砖在砌体中的弯、剪应力，使砌体抗压强度提高。但过大的流动性会造成砂浆变形率过大，砌体强度反而降低。纯水泥砂浆虽然抗压强度较高，但由于其流动性和保水性较差，不易使砂浆均匀、饱满和密实，因此会使砌体强度降低 10％～20％。

3. 砌筑质量

砌体的砌筑质量对砌体的抗压强度影响很大。砌筑质量影响主要有以下几个方面：

（1）水平灰缝的均匀和饱满程度。水平灰缝的均匀和饱满程度直接影响块体在砌体中的应力状态。试验资料表明，当砂浆的饱满度由 80％降到 65％时，砌体的强度降低 20％左右。《砌体结构工程施工质量验收规范》（GB 50203—2011），对各种砌体的灰缝饱满程度有具体规定，例如：对烧结普通砖砌体和蒸压砖砌体，水平灰缝的砂浆饱满度不得低于 80％；竖缝宜采用挤浆或加浆方法，砖柱和宽度小于 1m 的窗间墙的竖向灰缝的砂浆饱满度不低于 60％，不得出现透明缝，严禁用水冲浆灌缝。

（2）灰缝的厚度。灰缝越厚，砌体强度越低。但灰缝厚度太薄，砂浆不易均匀、饱满和密实，也会使砌体强度降低。《砌体结构工程施工质量验收规范》（GB 50203—2011）规定：烧结普通砖和蒸压砖砌体的水平灰缝厚度和竖向灰缝宽度宜为 10mm，但不应小于 8mm，也不应大于 12mm。

（3）砖的含水率。砌筑砖砌体时砖的含水率对砌体强度有明显影响。当采用含水率太小的砖砌筑时，砂浆中大部分水分会很快被砖吸收，这不利于砂浆的均匀铺设和硬化，会使砌体强度降低。但砖的含水率也不应太大，含水率过高，会使砌体的抗剪强度降低，同时当砌体干燥时，会产生较大的收缩应力，导致砌体出现垂直裂缝。《砌体结构工程施工质量验收规范》（GB 50203—2011）规定：砌筑砖砌体时，砖应提前 1～2d 浇水湿润，烧结普通砖、多孔砖含水率宜为 10%～15%；蒸压灰砂砖、蒸压粉煤灰砖含水率宜为 8%～12%。

（4）块体的搭接方式。块体的搭接方式将影响砌体的整体性，整体性不好，会导致砌体的强度降低。为了保证砌体的整体性，《砌体结构工程施工质量验收规范》（GB 50203—2011）规定：烧结普通砖、混凝土普通砖和蒸压砖砌体应上、下错缝，内外搭砌。实心砌体宜采用一顺一丁、梅花丁或三顺一丁的砌筑形式，砖柱不得采用包心砌法。对其他砌体的块体搭接方式也有相应的规定。

2.3.3 砌体的抗压强度

影响砌体抗压强度的因素很多，难以用一个比较理想的计算公式反映各类砌体的抗压强度。目前世界各国所采用的砌体抗压强度计算公式多种多样，我国结合多年对砌体结构的试验研究和工程应用经验，并参考国外有关研究成果，提出了适用于各类砌体的抗压强度平均值的计算公式，即

$$f_\mathrm{m}=k_1 f_1^a(1+0.07f_2)k_2 \tag{2-1}$$

式中　f_m——砌体的抗压强度平均值，MPa；

　　　f_1——块体的抗压强度平均值，MPa；

　　　f_2——砂浆的抗压强度平均值，MPa；

　　　k_1——与砌体种类和砌筑方法有关的系数；

　　　a——与块体尺寸有关的参数；

　　　k_2——砂浆强度的影响系数。

各类砌体的 k_1、a、k_2 取值见表 2-1。

表 2-1　　　　各类砌体 f_m 的计算参数

砌体种类	k_1	a	k_2
烧结普通砖、烧结多孔砖、蒸压灰砂普通砖、蒸压粉煤灰普通砖、混凝土普通砖、混凝土多孔砖砌体	0.78	0.5	当 $f_2<1\mathrm{MPa}$ 时，$k_2=0.6+0.4f_2$
混凝土砌块、轻集料混凝土砌块砌体	0.46	0.9	当 $f_2=0$ 时，$k_2=0.8$
毛料石砌体	0.79	0.5	当 $f_2<1\mathrm{MPa}$ 时，$k_2=0.6+0.4f_2$
毛石砌体	0.22	0.5	当 $f_2<2.5\mathrm{MPa}$ 时，$k_2=0.4+0.24f_2$

注　1. k_2 在列表条件以外均等于 1。
　　2. 表中的混凝土砌块指混凝土小型砌块。
　　3. 计算混凝土砌块砌体的轴心抗压强度平均值时，若 $f_2>10\mathrm{MPa}$，应乘以系数（$1.1-0.01f_2$）。MU20 的砌体应乘以系数 0.95，并满足 $f_1\geqslant f_2$，且 $f_2\leqslant20\mathrm{MPa}$。

2.4　砌体的受拉、受弯、受剪性能

在实际工程中，砌体除受压力作用之外，有时还承受轴心拉力、弯矩、剪力作用。如圆形水池池壁或谷仓仓壁在液体或松散物体的侧向压力作用下将产生轴向拉力；挡土墙在土压

力作用下，将产生弯矩、剪力作用；砖砌过梁在自重和楼面荷载作用下将受弯矩、剪力作用。因此，还应了解砌体在拉、弯、剪状态下的受力性能，以下为无筋砌体在拉、弯、剪状态下的受力性能。

2.4.1　砌体的轴心受拉性能

1. 砌体轴心受拉破坏形态

砌体在轴心拉力作用下的破坏形态可分为以下三种情况：

（1）沿齿缝截面破坏。当轴心拉力与砌体的水平灰缝平行时，砌体可能沿齿缝截面破坏，如图 2-16（a）中截面 1—1 所示。当砌体沿齿缝破坏时，砌体的抗拉承载力取决于砂浆与块体之间的黏结力。与轴向拉力垂直的灰缝（竖向灰缝）中砂浆与块体的黏结力称为法向黏结力，而与轴向拉力平行的灰缝（水平灰缝）中砂浆与块体的黏结力称为切向黏结力。砌体在竖向灰缝中的砂浆不易填充饱满和密实，此外砂浆在硬化时产生收缩，导致竖向灰缝的法向黏结力被严重削弱，甚至被完全破坏。而水平灰缝中砂浆容易饱满密实，虽然在砂浆硬化中也会产生收缩，但由于上部砌体对其的挤压作用，使切向黏结力不但未被破坏，反而有所提高。由此可见，当砌体沿齿缝破坏时，起决定作用的是水平灰缝的切向黏结力。

（2）沿块体和竖向灰缝截面破坏。当轴心拉力与砌体的水平灰缝平行时，也可能沿块体和竖向灰缝截面破坏，如图 2-16（b）截面 2—2 所示。当砌体沿块体和竖向灰缝截面破坏时，竖向灰缝中的法向黏结力因为被严重削弱，甚至被完全破坏，砌体抗拉承载力主要取决于块体本身的抗拉强度。这种破坏只有当块体抗拉强度低于水平灰缝中砂浆与块体之间的切向黏结力时才会发生。

（3）沿水平通缝截面破坏。当轴心拉力与砌体的水平灰缝垂直时，砌体发生沿水平通缝截面破坏，如图 2-16（c）截面 3—3 所示。砌体沿通缝截面破坏时，对抗拉承载力起决定作用的因素是法向黏结力，而这种法向黏结力具有不可靠性，所以工程中不允许采用轴心拉力垂直于通缝截面的受拉构件。

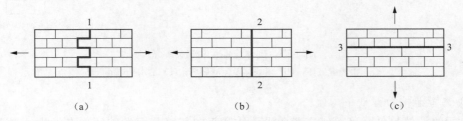

图 2-16　砌体轴心受拉破坏形态
（a）沿齿缝破坏；（b）沿块体和竖向灰缝破坏；（c）沿水平通缝截面破坏

2. 砌体轴心抗拉强度平均值

我国提出的砌体轴心抗拉强度平均值计算公式如下

$$f_{t,m} = k_3 \sqrt{f_2} \tag{2-2}$$

式中　$f_{t,m}$——砌体的轴心抗拉强度平均值，MPa；

　　　k_3——与砌体种类有关的影响系数，取值见表 2-2；

　　　f_2——砂浆的抗压强度平均值，MPa。

表 2-2   砌体轴心抗拉强度平均值的砌体种类影响系数

砌体种类	k_3
烧结普通砖、烧结多孔砖、混凝土普通砖、混凝土多孔砖砌体	0.141
蒸压灰砂普通砖、蒸压粉煤灰普通砖砌体	0.090
混凝土砌块砌体	0.069
毛料石砌体	0.075

2.4.2　砌体的弯曲受拉性能

1. 砌体受弯破坏形态

砌体受弯破坏总是从受拉一侧开始，即发生弯曲受拉破坏。试验证明，砌体的弯曲受拉破坏也有三种形态：

（1）沿齿缝截面破坏。如图 2-17（a）所示带扶壁的砌体挡土墙，在土压力作用下，扶壁之间的墙段犹如以扶壁为支座的水平受弯构件，墙段跨中截面内侧弯曲受压，外侧弯曲受拉。当砌体中块体强度较高时，其受弯破坏是从墙段外侧开始，沿齿缝截面发生破坏。

（2）沿块体和竖向灰缝破坏。如图 2-17（b）所示带扶壁的砌体挡土墙，当块体强度过低时，其受弯破坏同样是从扶壁之间的墙段外侧开始，但将沿块体和竖向灰缝截面发生破坏。

（3）沿水平灰缝破坏。如图 2-17（c）所示不带扶壁的砌体挡土墙，砌体犹如一悬臂构件，在土压力作用下，墙体弯矩使砌体水平通缝受拉，其受弯破坏是在墙体根部弯矩较大截面处，沿水平灰缝截面发生破坏。

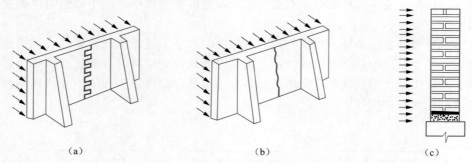

（a）　　　　　　　　　　　　　（b）　　　　　　　　　　　　　（c）

图 2-17　砌体弯曲受拉破坏形态

（a）沿齿缝破坏；（b）沿块体及竖缝破坏；（c）沿水平通缝破坏

2. 砌体弯曲抗拉强度平均值

通过提高块体最低强度等级来避免沿块体和竖向灰缝截面的破坏形态发生。对于砌体沿齿缝或沿通缝破坏时，其弯曲抗拉强度平均值计算公式为

$$f_{tm, m} = k_4 \sqrt{f_2} \tag{2-3}$$

式中　$f_{tm,m}$——砌体的弯曲抗拉强度平均值，MPa；

　　　k_4——与砌体种类有关的系数，取值见表 2-3；

　　　f_2——砂浆的抗压强度平均值，MPa。

2.4.3　砌体的受剪性能

1. 砌体受剪破坏形态

在实际工程中，砌体在剪力作用下，可能发生的破坏形态有沿水平灰缝破坏〔见图 2-18

（a）］、沿齿缝破坏［见图 2-18（b）］或沿阶梯形缝破坏［见图 2-18（c）］。

表 2-3　　　　　　　　　　　砌体弯曲抗拉强度平均值的砌体种类系数

砌体种类	k_4	
	沿齿缝	沿通缝
烧结普通砖、烧结多孔砖、混凝土普通砖、混凝土多孔砖砌体	0.250	0.125
蒸压灰砂普通砖、蒸压粉煤灰普通砖砌体	0.180	0.090
混凝土砌块砌体	0.081	0.056
毛料石砌体	0.113	—

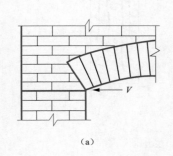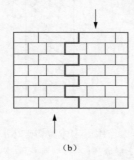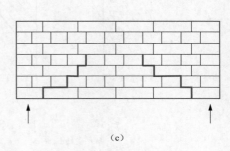

图 2-18　砌体受剪破坏形态

（a）沿水平通缝破坏；（b）沿齿缝破坏；（c）沿阶梯形缝破坏

2. 砌体抗剪强度平均值

由于在实际工程中，竖向灰缝的砂浆往往不饱满，砌体沿齿缝的抗剪强度应取水平灰缝的抗剪强度。试验结果和以往的工程经验表明，砌体沿齿缝和沿水平灰缝的抗剪强度可取相同的值。砌体抗剪强度平均值计算公式如下

$$f_{v, m} = k_5 \sqrt{f_2} \tag{2-4}$$

式中　$f_{v,m}$——砌体的抗剪强度平均值，MPa；

　　　k_5——与砌体种类有关的系数，取值见表 2-4；

　　　f_2——砂浆的抗压强度平均值，MPa。

表 2-4　　　　　　　　　　　砌体抗剪强度平均值的砌体种类系数

砌体种类	k_5
烧结普通砖、烧结多孔砖、混凝土普通砖、混凝土多孔砖砌体	0.125
蒸压灰砂普通砖、蒸压粉煤灰普通砖砌体	0.09
混凝土砌块砌体	0.069
毛料石砌体	0.188

　　一般在砌体受剪力作用的同时，还存在垂直压力作用，垂直压力对砌体抗剪强度有较大的影响。

　　为测试垂直压力对砌体抗剪强度的影响，采用图 2-19 所示砌体受剪破坏试件，试件砌块采用斜向砌筑方式，使通缝与竖直方向呈一定的角度 θ，在试件承受竖向压力作用时，斜向通缝的法向应力为 σ_0，切向应力为 τ，见图 2-19（a），采用不同通缝角度 θ 的试件，分析法

向应力 σ_0 和切向应力 τ 之间的比值变化对砌体抗剪强度的影响。

　　试验表明，当 $\theta \leqslant 45°$ 时，σ_0/τ 较小，试件将沿通缝发生剪切滑移破坏，称为剪摩破坏，见图 2-19（b）；当 $45° < \theta \leqslant 60°$ 时，σ_0/τ 较大，试件将沿阶梯形斜面发生剪切破坏，称为剪压破坏，见图 2-19（c）；当 $\theta > 60°$ 时，σ_0/τ 很大，试件基本沿竖向压应力方向产生裂缝而发生破坏，接近于单轴受压时的破坏，这种破坏称为斜压破坏，见图 2-19（d）。

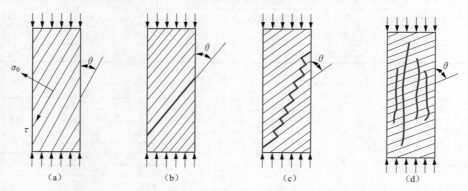

图 2-19　垂直压力作用下砌体剪切破坏形态
(a) 受压试件 σ_0、τ；(b) 剪摩破坏；(c) 剪压破坏；(d) 斜压破坏

　　在实际工程中，受垂直压力作用的受剪砌体，垂直压力和切向应力的比值一般较小，砌体基本处于剪摩破坏形态范围，此时砌体抗剪强度平均值可按下式计算

$$f_{v,m} = f_{v0,m} + 0.4\sigma_0 \tag{2-5}$$

式中　$f_{v,m}$——砌体复合受力的抗剪强度平均值，MPa；

　　　　$f_{v0,m}$——砌体的抗剪强度平均值，MPa；

　　　　σ_0——砌体的垂直压力平均值，MPa。

2.5　砌体的变形和其他性能

　　对于砌体的研究，除要确定其强度外，还应研究砌体的其他性能，如砌体的应力-应变关系、砌体的收缩与膨胀等性能，以全面了解和掌握砌体结构破坏的机理、进行内力分析和承载力计算，以及分析裂缝的开展过程与防范措施等，为砌体结构的精确分析和准确的设计提供依据。

2.5.1　短期一次加荷下的应力-应变曲线

　　砌体在短期一次加荷下的应力-应变关系是砌体材料的一项基本力学性能，通常由砌体试件的轴心受压试验测定。不同类型的砌体，其应力-应变关系不同。图 2-20 所示为 MU10 黏土砖和 M5 砂浆砌筑的砌体测得的应力-应变曲线。由图 2-20 可以看出，当荷载较小时，应力与应变近似呈直线关系，说明此时砌体基本处于弹性工作状态。随着荷载的增加，应变增长速度大于应力增长速度，应力-应变呈曲线关系，砌体表现出明显的塑性性能。荷载进一步加大，砌体中相继出现单砖裂缝、竖向贯通裂缝，应变急剧增长。当砌体的应力达到最大值时，在一般情况下，砌体会突然发生脆性破坏，应力-应变曲线仅有上升段。如果在试验机上附加刚性元件，可避免试验机在卸荷时弹性变形能突然释放，即可以测得应力-应变曲线的下降段。

根据国内外资料，砌体的应力-应变曲线可用以下关系式表达

$$\varepsilon = -\frac{1}{\xi}\left(1 - \frac{\sigma}{f_m}\right) \qquad (2\text{-}6)$$

式中 ε——砌体的压应变；

       ξ——与块体类别和砂浆强度有关的弹性特

           征值，如砖砌体，可取 $\xi = 460\sqrt{f_m}$；

       σ——砌体压应力；

      f_m——砌体抗压强度平均值。

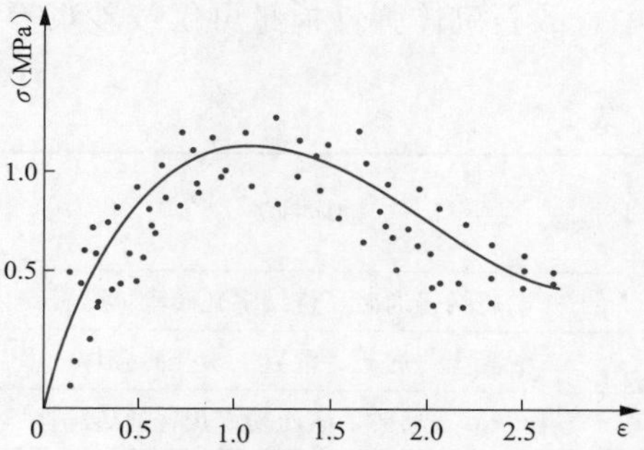

图 2-20   砌体受压应力-应变曲线

2.5.2 砌体的弹性模量

砌体的弹性模量反映了砌体应力与应变之间的关系。由于砌体是一种弹塑性材料，应力-应变关系为一复杂曲线，曲线上各点应力与应变之间的关系在不断变化。通常用下列三种方式表达砌体的应力与应变关系。

1. 初始弹性模量

砌体在应力很小时呈弹性性能，此阶段应力-应变关系可用初始弹性模量表达。如图 2-21 所示，在应力-应变曲线原点做切线 OA，切线 OA 的斜率 $\tan\alpha_0$ 即为初始弹性模量 E_0，由式 (2-6) 可得，当 $\sigma = 0$ 时，初始弹性模量 E_0 的计算公式为

$$E_0 = \xi f_m \qquad (2\text{-}7)$$

初始弹性模量仅反映砌体应力很小时的应力-应变关系，所以在实际工程设计中不实用，仅用于材料的性能研究。

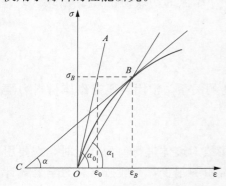

图 2-21   砌体受压弹性模量的表示方法

2. 砌体的割线模量

砌体在超过弹性阶段以后，应力与应变的比值并不是常量。为反映砌体在弹塑性阶段应力和应变的关系，可采用割线模量。如图 2-21 所示，在应力-应变曲线上某点 B 与原点做割线 OB，割线 OB 的斜率 $\tan\alpha_1$ 即为 B 点的割线模量 E_b。

在实际工程当中，砌体的应力是在一定范围内变化的，但是为了简化计算，并能反映砌体在工程中一般受力情况下的工作状态，对除石砌体以外的砌体，取砌体应力 $\sigma = 0.43 f_m$ 时的割线模量作为砌体的弹性模量 E，由式 (2-6) 可得，此时的割线模量 E 为

$$E = \frac{\sigma_{0.43}}{\varepsilon_{0.43}} = \frac{0.43 f_m}{-\frac{1}{\xi}\ln 0.57} = 0.765\xi f_m \approx 0.8\xi f_m \qquad (2\text{-}8)$$

式 (2-8) 可简写为

$$E \approx 0.8 E_0 \qquad (2\text{-}9)$$

对于抗压强度和弹性模量远高于砂浆相应值的砌体，砌体的受压变形主要集中在灰缝砂

浆中，故石砌体弹性模量可仅按砂浆等级确定。各类砌体的弹性模量见表 2-5。

表 2-5   砌体的弹性模量   MPa

砌体种类	砂浆强度等级			
	≥M10	M7.5	M5	M2.5
烧结普通砖、烧结多孔砖砌体	$1600f$	$1600f$	$1600f$	$1390f$
混凝土普通砖、混凝土多孔砖砌体	$1600f$	$1600f$	$1600f$	—
蒸压灰砂普通砖、蒸压粉煤灰普通砖砌体	$1060f$	$1060f$	$1060f$	—
非灌孔混凝土砌块砌体	$1700f$	$1600f$	$1500f$	—
粗料石、毛料石、毛石砌体	7300	5650	4000	2250
细料石砌体	22000	17000	12000	6750

注 1. f 为砌体抗压强度设计值。
  2. 轻集料混凝土砌块砌体的弹性模量，可按表中混凝土砌块砌体的弹性模量采用。
  3. 表中砌体抗压强度设计值不需要考虑截面尺寸较小、水泥砂浆砌筑及施工阶段验算方面的调整。
  4. 表中砂浆为普通砂浆，采用专用砂浆砌筑的砌体的弹性模量也按此表采用。
  5. 对混凝土普通砖、混凝土多孔砖、混凝土和轻集料混凝土砌块砌体，表中的砂浆强度等级分别表示为
     ≥Mb10、Mb7.5 及 Mb5。
  6. 对蒸压灰砂普通砖、蒸压粉煤灰普通砖砌体，当采用专用砂浆砌筑时，其强度设计值按表中数值采用，见第
     3 章。
  7. 单排孔且对孔砌筑的混凝土砌块灌孔砌体的弹性模量，应按下列公式计算

$$E = 2000 f_\mathrm{g}$$

  式中 f_g——灌孔砌块砌体的抗压强度设计值。

3. 砌体的切线模量

为反映砌体在弹塑性阶段某一点应力-应变关系还可以用切线模量。如图 2-21 所示，在弹塑性阶段某点 B 做切线 BC，切线 BC 的斜率 $\tan\alpha$ 即为 B 点的切线模量 E_t。由式（2-6）可得切线模量 E_t 计算公式为

$$E_\mathrm{t} = \frac{\mathrm{d}\sigma}{\mathrm{d}\varepsilon} = \xi f_\mathrm{m}\left(1 - \frac{\sigma}{f_\mathrm{m}}\right) \tag{2-10}$$

切线模量反映了砌体在受某一应力状态下应力-应变的关系，常用于研究砌体材料力学性能，而在工程设计中不便应用。

2.5.3 砌体的剪变模量

当设计中需要计算墙体在水平荷载作用下的剪切变形或对墙体进行剪力分配时，需要用到砌体的剪变模量。关于砌体的剪变模量，目前试验研究资料很少，一般按材料力学公式计算，即取剪变模量 G 为

$$G = \frac{E}{2(1+\nu)} \tag{2-11}$$

式中 G——砌体的剪变模量；
  E——砌体的弹性模量；
  ν——砌体的泊松比，据我国试验研究结果，一般砖砌体 υ 取 0.15，砌块砌体 υ 取 0.3。
  将 ν 值代入式（2-11），可得

$$G = \frac{E}{2(1+\nu)} = (0.43 \sim 0.38)E \approx 0.4E \tag{2-12}$$

2.5.4　砌体的线膨胀系数、收缩率和摩擦系数

1. 砌体的线膨胀系数

温度变化会引起砌体热胀、冷缩，当热胀、冷缩变形受到约束时，砌体将产生附加内力、附加变形及裂缝。当计算这种附加内力、变形及裂缝时，砌体的线膨胀系数是重要的参数。国内外试验研究表明，砌体的线膨胀系数与砌体的种类有关，《砌体规范》给出的各类砌体的线膨胀系数可按表 2-6 取值。

2. 砌体的收缩率

砌体材料含水量降低时，会产生较大的干缩变形，这种变形受到约束时，砌体中会出现干燥收缩裂缝。对于烧结的黏土砖及其他烧结块材砌体，其干燥收缩变形较小。而非烧结块材砌体，如混凝土砌块、蒸压灰砂砖、蒸压粉煤灰砖等砌体，会产生较大的干燥收缩变形。干燥收缩变形的特点是早期发展比较快，例如，块体出窑后放置 28d 能完成 50% 左右的干燥收缩变形，以后逐渐变慢，几年后才能停止干缩。干燥收缩后的材料在受潮后仍会发生膨胀，失水后会再次发生干燥收缩变形，但其干燥收缩率会有所下降，为第一次的 80% 左右。

干燥收缩造成建筑物、构筑物墙体的裂缝有时是相当严重的，在设计、施工以及使用过程中，均不可忽视砌体干燥收缩造成的危害。

《砌体规范》给出的各类砌体的收缩率见表 2-6。表 2-6 中的收缩率为达到收缩允许标准的块体砌筑 20d 的砌体收缩率，当地方有可靠的砌体收缩试验数据时，也可采用当地的试验数据。

表 2-6　　　　　　　　　　　　　　砌体的线膨胀系数和收缩率

砌体种类	线膨胀系数（10^{-6}/℃）	收缩率（mm/m）
烧结普通砖、烧结多孔砖砌体	5	−0.1
蒸压灰砂普通砖、蒸压粉煤灰普通砖砌体	8	−0.2
混凝土普通砖、混凝土多孔砖、混凝土砌块砌体	10	−0.2
轻集料混凝土砌块砌体	10	−0.3
料石和毛石砌体	8	—

3. 砌体的摩擦系数

当砌体结构或构件沿某种材料发生滑移时，由于法向压力的存在，在滑移面将产生摩擦阻力。摩擦阻力的大小与法向压力及摩擦系数有关。摩擦系数的大小与摩擦面的材料及摩擦面的干湿状态有关，砌体摩擦系数见表 2-7。

表 2-7　　　　　　　　　　　　　　砌体的摩擦系数

序号	材料类别	摩擦面情况	
		干燥	潮湿
1	砌体沿砌体或混凝土滑动	0.70	0.60
2	砌体沿木材滑动	0.60	0.50
3	砌体沿钢滑动	0.45	0.35
4	砌体沿砂或卵石滑动	0.60	0.50
5	砌体沿粉土滑动	0.55	0.40
6	砌体沿黏性土滑动	0.50	0.30

本章小结

（1）我国目前常用的块材主要有烧结砖、非烧结硅酸盐砖、混凝土砖、砌块及石材。砌筑砂浆的作用是将单个块体连成整体，并垫平块体上、下表面，使块体应力分布较为均匀，以利于提高砌体的强度，同时填满块体之间的缝隙，减小砌体的透气性，提高砌体的保温、隔热、防水和抗冻性能。砌体按其配筋与否可分为无筋砌体和配筋砌体。在砌体结构设计时，应根据不同情况合理地选用不同的砌体种类和组成砌体的材料强度等级。

（2）砌体主要用做受压构件，故砌体受压性能是砌体最重要的力学性能。砌体轴心受压试验研究表明，其破坏大体经历单砖出裂、裂缝贯穿若干皮砖、形成若干独立小柱而后失稳破坏三个受力阶段。从砖砌体受压时单块砖的应力状态分析可知，单块砖处于压、弯、剪及拉复杂应力状态，因此，砌体的抗压强度比组成砌体的块材抗压强度低；从单块砖在砌体当中应力状态分析，可从机理上理解影响砌体抗压强度的主要因素。

（3）砌体的轴心抗拉强度、弯曲抗拉强度以及抗剪强度主要与砂浆和块材的强度等级有关。这几种受力情况的破坏形态也与砂浆强度等级密切相关。当砂浆的强度等级较低时，将发生沿齿缝或通缝截面的破坏形态；当块体强度较低时，将发生沿块体截面的破坏形态。

（4）砌体的应力-应变关系、弹性模量、剪变模量、线膨胀系数、收缩率和摩擦系数等都反映了砌体的变形性能。

思 考 题

2-1　我国目前常用的块材种类有哪些？各有什么特点？

2-2　在砌体结构中，砌筑砂浆起什么作用？

2-3　砌体的种类有哪些？各类砌体的应用情况如何？

2-4　轴心受压砖柱的破坏过程经历哪几个阶段？

2-5　在轴心压力作用下，单块砖在砌体当中的应力状态如何？

2-6　影响砌体抗压强度的主要因素有哪些？

2-7　轴心受拉、弯曲受拉的砌体构件有哪些破坏形态？其破坏形态主要取决于哪些因素？

2-8　受剪砌体构件有哪些破坏形态？其破坏形态主要取决于哪些因素？

2-9　垂直压应力对砌体的抗剪强度有何影响？

2-10　砌体受压弹性模量有几种表达方式？在工程中一般受力状态下，砌体的弹性模量如何确定？它与哪些因素有关？

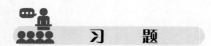

习 题

某悬式矩形水池，壁厚620mm，剖面如图2-22所示。采用MU10烧结普通砖，M10水泥砂浆砌筑，砌体施工质量控制等级为 B 级。承载力验算时不计池壁自重，水压力按可变荷载考虑，假定其荷载分项系数取 1.0。

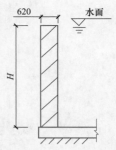

图 2-22　矩形水池剖面图

若将该池壁承受水压的能力提高，下述何种措施最有效？（　　）

A. 提高砌筑砂浆的强度等级；

B. 提高砌筑块体的强度等级；

C. 池壁采用 MU10 级单排孔混凝土砌块、Mb10 级水泥砂浆对孔砌筑；

D. 池壁采用砖砌体和底部锚固的钢筋砂浆面层组成的组合砖砌体。

第 3 章 砌 体 结 构 设 计 方 法

 教学目标

1. 知识目标

（1）掌握极限状态设计方法；

（2）了解砌体结构的强度指标；

（3）熟悉砌体结构耐久性的相关规定。

2. 能力目标

（1）能够应用极限状态设计方法计算各种作用效应；

（2）能够确定各类砌体的强度指标；

（3）能够按照耐久性的要求合理选择材料和采取相应的措施。

3. 素质目标

（1）通过对砌体结构设计方法的学习，培养遵守通用规范等法律性文件的观念，牢固树立遵守法律、法规及规则的意识；

（2）通过对砌体结构耐久性规定的学习，深化结构安全及经济意识，培养细致、严谨的工作作风。

3.1 极限状态设计方法

砌体结构同其他型式的结构一样，应遵循我国现行结构设计有关规范和标准。改革开放以来，我国科技发展日新月异，结构设计规范和标准也相继做了修改和完善。2017 年 2 月，国务院办公厅印发《关于促进建筑业持续健康发展的意见》（国办发〔2017〕19 号）（以下简称《意见》），从深化建筑业简政放权改革、推进建筑产业现代化和加快建筑业企业"走出去"等方面提出了改革措施，《意见》指出，我国建筑行业的标准也应逐渐修改和完善，逐渐达到或接近发达国家标准。按照这一指示精神，自 2021 年我国住房和城乡建设部相继颁布了建筑设计与施工方面的相关规范。与砌体结构设计紧密相关的规范有《砌体结构通用规范》（GB 55007—2021）、《工程结构通用规范》（GB 55001—2021）、《建筑与市政工程抗震通用规范》（GB 55002—2021）、《建筑与市政地基基础通用规范》（GB 55003—2021）、《建筑与市政工程施工质量控制通用规范》（GB 55032—2022）。通用规范是具有法律效应的强制性国家标准。对于通用规范未涉及条文，可参照《砌体结构设计规范》（GB 50003—2011）、《建筑结构可靠性设计统一标准》（GB 50068—2018）、《建筑结构荷载规范》（GB 50009—2012）等。

砌体结构主要进行承载能力极限状态计算，适用性及耐久性主要通过构造措施及材料种类、强度等级等方面的要求加以控制。承载力计算时，应满足

$$\gamma_0 S \leqslant R \tag{3-1}$$

式中 γ_0——结构重要性系数，安全等级为一级或设计使用年限为 50 年以上的结构构件不

应小于 1.1，安全等级为二级或设计使用年限为 50 年的结构构件不应小于 1.0，安全等级为三级或设计使用年限为 1~5 年的结构构件不应小于 0.9；

S——结构构件的作用效应；

R——结构构件的抗力。

对于作用效应 S，按照《工程结构通用规范》（GB 55001—2021）规定，对于一般砌体结构，作用效应的基本组合为

$$S = \sum_{i \geq 1} \gamma_{Gi} G_{ik} + \gamma_{Q1} \gamma_{L1} Q_{1k} + \sum_{j > 1} \gamma_{Qj} \psi_{cj} \gamma_{Lj} Q_{jk} \tag{3-2}$$

式中 G_{ik}——第 i 个永久作用的标准值。

Q_{1k}——第 1 个可变作用（主导可变作用）的标准值。

Q_{jk}——第 j 个可变作用的标准值。

γ_{Gi}——第 i 个永久作用的分项系数，当对结构不利时，不应小于 1.3；当对结构有利时不应大于 1.0。

γ_{Q1}、γ_{Qj}——第 1 个可变作用（主导可变作用）和第 j 个可变作用的分项系数，当对结构不利时不应小于 1.5，当对结构有利时，应取为 0，标准值大于 $4kN/m^2$ 的工业房屋楼面活荷载，当对结构不利时不应小于 1.4，当对结构有利时，应取为 0。

ψ_{cj}——第 j 个可变作用的组合值系数，其数值按《工程结构通用规范》（GB 55001—2021）确定。

γ_{L1}、γ_{Lj}——第 1 个和第 j 个可变作用考虑结构设计工作年限的荷载调整系数。对于楼面和屋面活荷载，设计工作年限为 5、50、100 年时，分别不应小于 0.9、1.0、1.1，当设计工作年限为其他数值时，调整系数应不小于按线性内插确定的值；对于雪荷载和风荷载，调整系数应按重现期与设计工作年限相同的原则确定。

结构构件的抗力 R 可表达为

$$R = R(f, a_k, \cdots) \tag{3-3}$$

式中 $R(\cdot)$——结构构件的承载力设计值函数；

f——砌体强度设计值；

a_k——几何参数标准值。

3.2 砌体结构的强度指标

3.2.1 砌体的强度标准值

砌体的强度标准值是砌体强度的基本代表值，是取具有 95% 保证率的强度值，即按下式计算

$$f_k = f_m - 1.645\sigma_f = f_m(1 - 1.645\delta_f) \tag{3-4}$$

式中 f_k——砌体的强度标准值；

f_m——砌体的强度平均值；

σ_f——砌体强度的标准差；

δ_f——砌体强度的变异系数，按表 3-1 采用。

对于新砌体材料的变异系数，当计算值小于表 3-1 所列数值时，应取表中值，当计算值大于表 3-1 所列数值时，应按实际计算值。

表 3-1   砌 体 强 度 变 异 系 数

强度类别	砌体类别	变异系数 δ_f
抗压	毛石砌体	0.24
	其他各类砌体	0.17
抗剪、抗弯、抗拉	毛石砌体	0.26
	其他各类砌体	0.20

3.2.2 砌体的强度设计值

1. 砌体的强度设计值确定方法

砌体的强度设计值是在承载能力极限状态设计时采用的强度值，可按下式计算

$$f = \frac{f_k}{\gamma_f} \tag{3-5}$$

式中 f——砌体的强度设计值；

     γ_f——砌体结构的材料性能分项系数，其值按砌体工程施工质量等级确定。

一般情况下，砌体结构的材料性能分项系数宜按施工控制等级选取：为 B 级时，考虑取 $\gamma_f=1.6$；为 C 级时，取 $\gamma_f=1.8$；为 A 级时，取 $\gamma_f=1.5$。

砌体工程施工质量等级是按施工现场的技术水平和管理水平来划分的。《砌体结构工程施工质量验收规范》（GB 50203—2011）依据施工现场质量管理水平、砂浆和混凝土质量控制、砂浆拌合工艺、砌筑工人技术等级四个要素从高到低分为 A、B、C 三级，设计工作年限为 50 年及以上的砌体结构工程，应为 A 级或 B 级。质量等级不同将直接影响砌体强度的取值，砌体施工质量控制等级划分标准见表 3-2。

表 3-2   砌体施工质量控制等级

项目	施工质量控制等级		
	A	B	C
现场质量管理	监督检查制度健全，并严格执行；施工方有在岗专业技术管理人员，人员齐全，并持证上岗	监督检查制度基本健全，并能执行；施工方有在岗专业技术管理人员，人员齐全，并持证上岗	有监督检查制度；施工方有在岗专业技术管理人员
砂浆、混凝土强度	试块按规定制作，强度满足验收规定，离散性小	试块按规定制作，强度满足验收规定，离散性较小	试块按规定制作，强度满足验收规定，离散性大
砂浆拌和	机械拌和；配合比计量控制严格	机械拌和；配合比计量控制一般	机械或人工拌和；配合比计量控制较差
砌筑工人	中级工以上，其中，高级工不少于30%	高、中级工不少于70%	初级工以上

注 1. 砂浆、混凝土强度离散性大小根据强度标准差确定。
     2. 配筋砌体不得为 C 级施工。

2. 砌体的强度设计值

（1）施工质量控制等级为 B 级时砌体强度设计值。

1）施工质量控制等级为 B 级、龄期为 20d、以毛截面计算的各类砌体的抗压强度设计值、轴心抗拉强度设计值、弯曲抗拉强度设计值及抗剪强度设计值可见表 3-3～表 3-10。在验算施工阶段新砌砌体的强度和稳定性时，砂浆尚未硬化，按砂浆强度为零确定砌体强度的设计值。

表 3-3　　　　　　　　烧结普通砖和烧结多孔砖砌体的抗压强度设计值　　　　　　　　MPa

砖强度等级	砂浆强度等级					砂浆强度
	M15	M10	M7.5	M5	M2.5	0
MU30	3.94	3.27	2.93	2.59	2.26	1.15
MU25	3.60	3.98	2.68	2.37	2.06	1.05
MU20	3.22	2.67	2.39	2.12	1.84	0.94
MU15	2.79	3.31	2.07	1.83	1.60	0.82
MU10	—	1.89	1.69	1.50	1.30	0.67

注　当烧结多孔砖的孔洞率大于 30% 时，表中数值应乘以 0.9。

表 3-4　　　　　　　　混凝土普通砖和混凝土多孔砖砌体的抗压强度设计值　　　　　　　　MPa

砖强度等级	砂浆强度等级					砂浆强度
	Mb20	Mb15	Mb10	Mb7.5	Mb5	0
MU30	4.61	3.94	3.27	2.93	2.59	1.15
MU25	4.21	3.60	2.98	2.68	2.37	1.05
MU20	3.77	3.22	2.67	2.39	2.12	0.94
MU15	—	2.79	2.31	2.07	1.83	0.82

表 3-5　　　　　　　　蒸压灰砂普通砖和蒸压粉煤灰普通砖砌体的抗压强度设计值　　　　　　　　MPa

砖强度等级	砂浆强度等级			砂浆强度
	M15	M10	M7.5	M5	0
MU25	3.60	2.98	2.68	2.37	1.05
MU20	3.22	2.67	2.39	2.12	0.94
MU15	2.79	2.31	2.07	1.83	1.82

注　当采用专用砂浆砌筑时，其抗压强度设计值按表中数值采用。

表 3-6　　　　　　　　单排孔混凝土和轻骨料混凝土砌块砌体的抗压强度设计值　　　　　　　　MPa

砌块强度等级	砂浆强度等级				砂浆强度	
	Mb20	Mb15	Mb10	Mb7.5	Mb5	0
MU20	6.30	5.68	4.95	4.44	3.94	2.33
MU15	—	4.61	4.02	3.61	3.20	1.89
MU10	—	—	2.79	2.50	2.22	1.31
MU7.5	—	—	—	1.93	1.71	1.01
MU5	—	—	—	—	1.19	0.70

注　1. 对独立柱或厚度为双排组砌的砌块砌体，应按表中数值乘以 0.7。
　　　2. 对 T 形截面砌体，应按表中数值乘以 0.85。

2）单排孔混凝土砌块砌体灌孔时，砌体强度设计值按下面规定取值：

a）单排孔混凝土砌块砌体灌孔时，经大量试验统计分析，按施工质量控制等级为 B 级确定材料性能分项系数，得到砌体的抗压强度设计值按下式计算

表 3-7　　　　　双排孔或多排孔轻集料混凝土砌块砌体的抗压强度设计值　　　　MPa

砌块强度等级	砂浆强度等级			砂浆强度
	Mb10	Mb7.5	Mb5	0
MU10	3.08	2.76	2.45	1.44
MU7.5	—	2.13	1.88	1.12
MU5		1.31	0.78	
MU3.5	—	—	0.95	0.56

注　1. 表中的砌块为火山楂、浮石和陶粒轻骨料混凝土砌块。
　　2. 对厚度方向为双排组砌的轻骨料混凝土砌块砌体的抗压强度设计值，应按表中数值乘以 0.8。

表 3-8　　　　　　　　　毛料石砌体的抗压强度设计值　　　　　　　　　MPa

毛料石强度等级	砂浆强度等级			砂浆强度
	M7.5	M5	M2.5	0
MU100	5.42	4.80	4.18	2.13
MU80	4.85	4.29	3.73	1.91
MU60	4.20	3.71	3.23	1.65
MU50	3.83	3.39	2.95	1.51
MU40	3.43	3.04	2.64	1.35
MU30	2.97	2.63	2.29	1.17
MU20	2.42	2.15	1.87	0.95

注　对细料石砌体、粗料石砌体和干砌勾缝石砌体，表中数值应分别乘以调整系数 1.4、1.2 和 0.8。

表 3-9　　　　　　　　　毛石砌体的抗压强度设计值　　　　　　　　　MPa

毛石强度等级	砂浆强度等级			砂浆强度
	M7.5	M5	M2.5	0
MU100	1.27	1.12	0.98	0.34
MU80	1.13	1.00	0.87	0.30
MU60	0.98	0.87	0.76	0.26
MU50	0.90	0.80	0.69	0.23
MU40	0.80	0.71	0.62	0.21
MU30	0.69	0.61	0.53	0.18
MU20	0.46	0.51	0.44	0.15

表 3-10　　　　沿砌体灰缝截面破坏时砌体的轴心抗拉强度设计值、
　　　　　　　　弯曲抗拉强度设计值和抗剪强度设计值　　　　　MPa

强度类别	破坏特征及砌体种类		砂浆强度等级			
			≥M10	M7.5	M5	M2.5
轴心抗拉	沿齿缝	烧结普通砖、烧结多孔砖砌体	0.19	0.16	0.13	0.09
		混凝土普通砖、混凝土多孔砖砌体	0.19	0.16	0.13	—
		蒸压灰砂普通砖、蒸压粉煤灰普通砖砌体	0.12	0.16	0.13	—
		混凝土和轻集料混凝土砌块砌体	0.09	0.08	0.07	—
		毛石砌体	—	0.07	0.06	0.04

续表

强度类别	破坏特征及砌体种类		砂浆强度等级			
			≥M10	M7.5	M5	M2.5
弯曲抗拉	沿齿缝	烧结普通砖、烧结多孔砖砌体	0.33	0.29	0.23	0.17
		混凝土普通砖、混凝土多孔砖砌体	0.33	0.29	0.23	—
		蒸压灰砂普通砖、蒸压粉煤灰普通砖砌体	0.24	0.20	0.16	—
		混凝土和轻集料混凝土砌块砌体	0.11	0.09	0.08	—
		毛石砌体	—	0.11	0.09	0.07
	沿通缝	烧结普通砖、烧结多孔砖砌体	0.17	0.14	0.11	0.08
		混凝土普通砖、混凝土多孔砖砌体	0.17	0.14	0.11	—
		蒸压灰砂普通砖、蒸压粉煤灰普通砖砌体	0.12	0.10	0.08	—
		混凝土和轻集料混凝土砌块砌体	0.08	0.06	0.05	—
抗剪	烧结普通砖、烧结多孔砖砌体		0.17	0.14	0.11	0.08
	混凝土普通砖、混凝土多孔砖砌体		0.17	0.14	0.11	—
	蒸压灰砂普通砖、蒸压粉煤灰普通砖砌体		0.12	0.10	0.08	—
	混凝土和轻集料混凝土砌块砌体		0.09	0.08	0.06	—
	毛石砌体		—	0.19	0.16	0.11

注 1. 对于用形状规则的块体砌筑的砌体，当搭接长度与块体高度的比值小于1时，其轴心抗拉强度设计值 f_t 和弯曲抗拉强度设计值 f_{tm} 应按表中数值乘以搭接长度与块体高度比值后采用。

2. 表中数值是依据普通砂浆砌筑的砌体确定，采用经研究性试验且通过技术鉴定的专用砂浆砌筑的蒸压灰砂普通砖、蒸压粉煤灰普通砖砌体，其抗剪强度设计值按相应普通砂浆强度等级砌筑的烧结普通砖砌体采用。

3. 对混凝土普通砖、混凝土多孔砖、混凝土和轻集料混凝土砌块砌体，表中的砂浆强度等级分别为：≥Mb10、Mb7.5 及 Mb5。

$$f_g = f + 0.6\alpha f_c \tag{3-6}$$
$$\alpha = \delta\rho$$

式中　f_g——灌孔砌块砌体的抗压强度设计值；

α——砌块砌体中灌孔混凝土面积与砌体毛面积的比值；

δ——混凝土砌块的孔洞率；

ρ——混凝土砌块的灌孔率，为截面灌孔混凝土面积和截面孔洞面积的比值，ρ 不应小于 33%；

f_c——灌孔混凝土轴心抗压强度的平均值。

b）在统计试验资料中，试件采用的块体及灌孔混凝土的强度等级大多数为 MU10～MU20 及 Cb10～Cb30 的范围，而少量高强混凝土灌孔砌体，其抗压强度达不到式（3-6）的计算值，经分析，在采用式（3-6）计算 f_g 时，应限制 $f_g/f \leqslant 2.0$。

c）灌孔混凝土的强度等级用符号"Cb"表示，其强度等级指标等同于对应的混凝土强度等级。砌块砌体中灌孔混凝土等级不应低于 Cb20，也不宜低于 1.5 倍块体强度等级。

d）单排孔混凝土砌块砌体灌孔时，施工质量控制等级为 B 级时，砌体的抗剪强度设计值计算式为

$$f_{vg} = 0.2 f_g^{0.55} \tag{3-7}$$

式中　f_g——灌孔砌块砌体的抗压强度设计值，MPa。

（2）施工质量控制等级为 A 级和 C 级时砌体强度设计值。表 3-3～表 3-9 及式（3-6）和

式（3-7）所述的砌体强度设计值，为施工质量控制等级为 B 级时的设计强度，当施工质量控制等级为 A 级和 C 级时，应对上述强度设计值进行修正。当施工质量控等级为 C 级时，应乘以 1.6/1.8＝0.89 的系数；当施工质量控等级为 A 级时，应乘以 1.6/1.5≈1.05 的系数。

3. 砌体强度设计值的调整

《砌体规范》规定，对下列情况的各类砌体，其砌体强度设计值应乘以调整系数 γ_a：

（1）对无筋砌体构件，其截面面积 $A<0.3\text{m}^2$ 时，$\gamma_a=0.7+A$；对配筋砌体构件，当其中砌体截面面积 $A<0.2\text{m}^2$ 时，$\gamma_a=0.8+A$。γ_a 公式中 A 值以 m^2 计。这是考虑截面尺寸较小的砌体构件，局部碰损或缺陷对强度影响较大而做的调整。

（2）当砌体采用强度等级小于 M5.0 的水泥砂浆砌筑时，由于水泥砂浆和易性差较差，对表 3-2～表 3-8 中的抗压强度，$\gamma_a=0.9$；对表 3-9 中的抗拉、抗剪强度，$\gamma_a=0.8$。

（3）当验算施工中房屋的构件时，$\gamma_a=1.1$。

当砌体同时符合上述几种使用情况，应将砌体强度设计值连续乘以相应的调整系数。

3.3　砌体结构材料的相关规定

3.3.1　一般规定

砌体结构材料应依据其承载性能、节能环保性能、使用环境条件合理选用。我国《砌体结构通用规范》（GB 55007—2021）对砌体结构使用环境进行了分类，见表 3-11。所用的材料应有产品出厂合格证书、产品性能型式检验报告；应对块材、水泥、钢筋、外加剂、预拌砂浆、预拌混凝土的主要性能进行检验，证明质量合格并符合设计要求。环境类别为 4 类、5 类条件下的砌体结构应采取抗侵蚀和耐腐蚀措施。

表 3-11　　　　　　　　　　　　　砌体结构使用环境分类表

环境类别	环境名称	环境条件
1	干燥环境	干燥室内外环境；室外有防水防护环境
2	潮湿环境	潮湿室内或室外环境，包括与无侵蚀性土和水接触的环境
3	冻融环境	寒冷地区潮湿环境
4	氯侵蚀环境	与海水直接接触的环境，或处于滨海地区盐饱和的气体环境
5	化学腐蚀环境	有化学侵蚀的气体、液体或固态形式的环境，包括有侵蚀性土壤的环境

3.3.2　对于块材的要求

1. 块材种类要求

（1）砌体结构中应推广应用以废弃砖瓦、混凝土块、渣土等废弃物为主要材料制作的块体。

（2）砌体结构不应采用非蒸压硅酸盐砖、非蒸压硅酸盐砌块及非蒸压加气混凝土制品。

（3）长期处于 200℃以上或急热急冷的部位，以及有酸性介质的部位，不得采用非烧结墙体材料。

（4）下列部位或环境中的填充墙不应使用轻骨料混凝土小型空心砌块或蒸压加气混凝土砌块砌体：

1）建（构）筑物防潮层以下墙体；

2）长期浸水或化学侵蚀环境；

3）砌体表面温度高于 80℃的部位；

4）长期处于有振动源环境的墙体。

2. 块材强度要求

（1）选用的块体材料应满足抗压强度等级和变异系数的要求，对用于承重墙体的多孔砖和蒸压普通砖尚应满足抗折指标的要求。

（2）对处于环境类别 1 类和 2 类的承重砌体，所用块体材料的最低强度等级应符合表 3-12 的规定；对配筋砌块砌体抗震墙，表 3-12 中 1 类和 2 类环境的普通、轻骨料混凝土砌块强度等级为 MU10；安全等级为一级或设计工作年限大于 50 年的结构，表 3-12 中材料强度等级应至少提高一个等级。

表 3-12　　　　　　　　　　　　1 类、2 类环境下块体材料最低强度等级

环境类别	烧结砖	混凝土砖	普通、轻骨料混凝土砌块	蒸压普通砖	蒸压加气混凝土砌块	石材
1	MU10	MU15	MU7.5	MU15	A5.0	MU20
2	MU15	MU20	MU7.5	MU20	—	MU30

（3）对处于环境类别 3 类的承重砌体，所用块体材料的抗冻性能和最低强度等级应符合表 3-13 的规定。设计工作年限大于 50 年时，表 3-13 中的抗冻指标应提高一个等级，对严寒地区抗冻指标提高为 F75。

表 3-13　　　　　　　　　　　　3 类环境下块体材料抗冻性能与最低强度等级

环境类别	冻融环境	抗冻性能			块材最低强度等级		
		抗冻指标	质量损失（%）	强度损失（%）	烧结砖	混凝土砖	混凝土砌块
3	微冻地区	F25			MU15	MU20	MU10
	寒冷地区	F35	≤5	≤20	MU20	MU25	MU15
	严寒地区	F50			MU20	MU25	MU15

（4）夹心墙外叶墙的砖及混凝土砌块的强度等级不应低于 MU10。

（5）填充墙的块材最低强度等级，应符合下列规定：

1）内墙空心砖、轻骨料混凝土砌块、混凝土空心砌块应为 MU3.5，外墙应为 MU5；

2）内墙蒸压加气混凝土砌块应为 A2.5，外墙应为 A3.5。

3. 块材其他指标要求

（1）选用的非烧结含孔块材应满足最小壁厚及最小肋厚的要求，选用承重多孔砖和小砌块时尚应满足孔洞率的上限要求。

（2）处于环境类别 4 类、5 类的承重砌体，应根据环境条件选择块体材料的强度等级、抗渗、耐酸、耐碱性能指标。

（3）满足 50 年设计工作年限要求的块材碳化系数和软化系数均不应小于 0.85，软化系数小于 0.9 的材料不得用于潮湿环境、冻融环境和化学侵蚀环境下的承重墙体。

4. 砂浆要求

（1）应根据块材类别和性能，选用与其匹配的砌筑砂浆。

（2）砌筑砂浆的最低强度等级应符合下列规定：

1）设计工作年限大于和等于 25 年的烧结普通砖和烧结多孔砖砌体应为 M5，设计工作年限小于 25 年的烧结普通砖和烧结多孔砖砌体应为 M2.5；

2）蒸压加气混凝土砌块砌体应为 Ma5，蒸压灰砂普通砖和蒸压粉煤灰普通砖砌体应为 Ms5；

3）混凝土普通砖、混凝土多孔砖砌体应为 Mb5；

4）混凝土砌块、煤矸石混凝土砌块砌体应为 Mb7.5；

5）配筋砌块砌体应为 Mb10；毛料石、毛石砌体应为 M5。

（3）混凝土砌块砌体的灌孔混凝土强度等级不应低于 Cb20，且不应低于 1.5 倍的块体强度等级。

（4）设计有抗冻要求的砌体时，砂浆应进行冻融试验，其抗冻性能不应低于墙体块材。

（5）配置钢筋的砌体不得使用掺加氯盐和硫酸盐类外加剂的砂浆。

5. 配筋砌块砌体混凝土要求

（1）灌孔混凝土应具有抗收缩性能；

（2）对安全等级为一级或设计工作年限大于 50 年的配筋砌块砌体房屋，砂浆和灌孔混凝土的最低强度等级应按规范相关规定至少提高一级。

6. 配筋砌体钢筋要求

（1）砌体结构中的钢筋应采用热轧钢筋或余热处理钢筋。

（2）当设计工作年限为 50 年时，砌体中钢筋的耐久性选择应符合表 3-14 的规定。

表 3-14   砌体中钢筋耐久性选择

环境类别	钢筋种类和最低保护要求	
	位于砂浆中的钢筋	位于灌孔混凝土中的钢筋
1	普通钢筋	普通钢筋
2	重镀锌或有等效保护的钢筋	普通钢筋；当用砂浆灌孔时应为重镀锌或有等效保护的钢筋
3	不锈钢或有等效保护的钢筋	重镀锌或有等效保护的钢筋
4 和 5	不锈钢或等效保护的钢筋	不锈钢或等效保护的钢筋

注 1. 对夹心墙的外叶墙，应采用重镀锌或有等效保护的钢筋。
    2. 表中的钢筋即为《混凝土结构设计规范》（GB 50010—2010）和《冷轧带肋钢筋混凝土结构技术规程》（JGJ 95—2011）等规定的普通钢筋或非预应力钢筋。

此外，夹心墙的钢筋连接件或钢筋网片、连接钢板、锚固螺栓或钢筋，应采用重镀锌或等效的防护涂层，镀锌层的厚度不应小于 290g/m²；当采用环氯涂层时，灰缝钢筋涂层厚度不应小于 290μm，其余部件涂层厚度不应小于 450μm。

（3）设计使用年限为 50 年时，砌体中钢筋的保护层厚度，应符合下列规定：

① 配筋砌体中钢筋的最小混凝土保护层应符合表 3-15 的规定。

② 灰缝中钢筋外露砂浆保护层的厚度不应小于 15mm。

③ 所有钢筋端部均应有与对应钢筋的环境类别条件相同的保护层厚度。

④ 填实的夹心墙或特别的墙体构造，钢筋的最小保护层按表 3-15 要求，同时钢筋保护层厚度应符合：用于环境类别 1 时，应取 20mm 厚砂浆或灌孔混凝土与钢筋直径较大者；用于环境类别 2 时，应取 20mm 厚灌孔混凝土与钢筋直径较大者；采用重镀锌钢筋时，应取

20mm 厚砂浆或灌孔混凝土与钢筋直径较大者；采用不锈钢筋时，应取钢筋的直径。

表 3-15   钢筋的最小保护层厚度

环境类别	混凝土强度等级			
	C20	C25	C30	C35
	最低水泥含量（kg/m³）			
	260	280	300	320
1	20	20	20	20
2	—	25	25	25
3	—	40	40	30
4	—		40	40
5	—			40

注　1. 材料中最大氯离子含量和最大碱含量应符合《混凝土结构设计规范》（GB 50010—2010）的规定。
　　2. 当采用防渗砌体块体和防渗砂浆时，可以考虑部分砌体（含抹灰层）的厚度作为保护层，但对环境类别1、2、3，其混凝土保护层的厚度不应小于10、15mm 和 20mm。
　　3. 钢筋砂浆面层的组合砌体构件的钢筋保护层厚度宜比表中规定的数值增加 5～10mm。
　　4. 对安全等级为一级或设计使用年限为 50 年以上的砌体结构，钢筋保护层的厚度应至少增加 10mm。

本章小结

（1）砌体结构和其他结构一样，必须满足安全性、适用性和耐久性要求。按照我国现行相关规范规定，砌体结构设计采用以概率理论为基础的极限状态设计方法。

（2）在进行砌体承载能力极限状态设计时，作用效应 S 应按作用效应的基本组合进行设计。

（3）砌体的强度标准值取具有 95% 保证率的强度值，砌体的强度设计值为砌体强度标准值除以材料性能分项系数。

（4）砌体工程施工质量控制等级依据施工现场的质量管理、砂浆和混凝土强度、砌筑工人技术等级综合水平，从宏观上将砌体工程施工质量控制等级分为 A、B、C 三级，质量等级不同将直接影响砌体强度的取值。

（5）对于截面尺寸较小、砂浆和易性较差且强度较低，以及施工阶段构件验算时，砌体强度设计值应调整。

（6）砌体结构材料应依据其承载性能、节能环保性能、使用环境条件合理选用。为保证砌体结构的耐久性，根据砌体结构使用的环境类别不同，砌体材料的种类、最低强度等级、钢筋耐久性选择、保护层的厚度均有相应的要求。

思考题

3-1　砌体结构承载能力极限状态设计时，作用效应如何计算？

3-2　砌体抗压强度标准值如何确定？砌体抗压强度设计值与标准值之间是什么关系？

3-3　砌体工程施工质量控制等级是根据什么划分的？砌体工程施工质量控制等级不同，砌体材料性能分项系数分别取多少？

3-4　为什么限制灌孔砌块砌体的抗压强度与空心砌块砌体强度之比不应大于 2.0？

3-5 什么情况下砌体强度设计值需要调整？

3-6 砌体结构材料有哪些方面规定？

习 题

3-1 某六层横墙承重住宅，底层内墙采用 190mm 厚单排孔混凝土小型空心砌块对孔砌筑，砌块强度等级为 MU15，水泥砂浆强度等级为 Mb7.5，砌体施工质量控制等级为 B 级。底层墙体剖面如图 3-1 所示，轴向力偏心距 $e=0$，如果底层墙体采用灌孔砌筑，砌块砌体中灌孔混凝土面积和砌体毛截面积的比值为 40%，灌孔混凝土的强度等级为 Cb40，试问：该墙体的抗压强度设计值 f_g（MPa）与下列何项数值最为接近？

A. 7.2   B. 6.5   C. 6.0   D. 5.5

3-2 某多层配筋砌块剪力墙房屋，总高度 26m，抗震设防烈度为 8 度，设计基本地震加速度值为 0.20g。其中某剪力墙长度 5.1m，墙体厚度为 190mm，如图 3-2 所示。考虑地震作用组合的墙体计算截面的弯矩设计值 $M=500$kN·m，轴力设计值 $N=1300$kN，剪力设计值 $V=180$kN。墙体采用单排孔混凝土空心砌块对孔砌筑，砌体施工质量控制等级为 B 级。墙体材料采用 MU15 砌块、M10 水泥砂浆、Cb20 灌孔混凝土，混凝土砌块的孔洞率为45%、砌体的灌孔率为 50%。试问：该灌孔砌块砌体的抗压强度设计值（MPa）与下列何项数值最为接近？

A. 4.02   B. 4.91   C. 5.32   D. 5.85

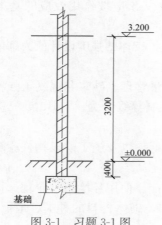

图 3-1 习题 3-1 图

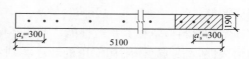

图 3-2 习题 3-2 图

3-3 某六层横墙承重住宅，底层内墙采用 190mm 厚单排孔混凝土小型空心砌块对孔砌筑，砌块强度等级为 MU15，水泥砂浆强度等级为 Mb7.5，砌体施工质量控制等级为 B 级。底层墙体剖面如图 3-1 所示，轴向力偏心距 $e=0$，$f_g=5.68$MPa。试问：该墙体的抗剪强度设计值 f_{vg}（MPa）应与下列何项数值最为接近？

A. 0.28   B. 0.52   C. 0.86   D. 2.24

第4章 无筋砌体构件

教学目标

1. 知识目标

（1）掌握无筋砌体受压构件承载力计算方法；

（2）掌握无筋砌体梁端局部受压、垫块下砌体局部受压计算方法；

（3）了解无筋砌体结构受弯、受剪、受拉承载力计算方法。

2. 能力目标

（1）能够应用公式进行各类无筋砌体结构构件的承载力计算；

（2）能够针对砌体结构构件承载力不满足时提出相应的解决措施。

3. 素质目标

（1）通过对砌体结构构件承载力计算的学习，培养学生遵守国家工程技术标准，严谨认真的科学精神；

（2）通过对砌体结构构件构造措施的学习，培养学生的工程安全意识，自觉履行工程师对公众的安全、健康和福祉的社会责任。

4.1 受 压 构 件

目前的土木工程项目中，混凝土结构应用最为广泛，但是砌体结构在多层建筑中仍然有着不可替代的作用。在实际工程中，承受压力的多层砌体结构的墙、柱、基础，一般采用无筋砌体砌筑，主要承受上部传来的竖向荷载和自身重量。当承受的荷载作用于构件截面重心时，为轴心受压构件；当荷载作用位置与截面其中一个方向重心轴有偏心时，为单向偏心受压构件；当荷载作用位置与截面两个方向重心轴均有偏心时，为双向偏心受压构件。实际工程中多数为单向偏心受压构件。

4.1.1 轴心受压及单向偏心受压短柱承载力

对于长细比较小的受压构件，可不考虑构件纵向弯曲对承载力的影响，因此，首先讨论受压短柱的受力情况。

图 4-1 所示为轴心受压和单向偏心受压短柱截面应力试验结果简图。当荷载产生的轴向压力作用在砌体截面重心时，截面的压应力呈均匀分布，破坏时截面所承受的最大压应力就是砌体的轴心抗压强度，见图 4-1（a）。当轴向压力有较小偏心时，截面的压应力呈非均匀分布，距轴向力较近一侧边缘压应力较大，破坏将从这一侧开始，该侧的压应变和应力均比轴心受压时略有增加，见图 4-1（b）。当轴向压力的偏心距略大时，截面应力不均匀程度增加，应力较小边可能出现拉应力，见图 4-1（c）。当轴向压力的偏心距较大时，截面应力不均匀程度增大，若远离纵向力一侧拉应力超过砌体沿通缝截面的抗拉强度，将出现水平裂缝，实际的受压截面将减小，极限承载力降低，见图 4-1（d）。

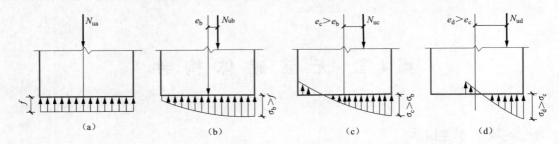

图 4-1　轴心受压及单向偏心受压短柱的应力情况

(a) 轴心受压；(b) 偏心距较小；(c) 偏心距略大；(d) 偏心距较大

构件在承受偏心压力作用时，由于砌体材料的弹塑性性质，截面应力呈曲线分布，按照材料力学理论，求得的构件承载力比实际构件承载力偏小，但偏心受压构件承载力的变化趋势与材料力学计算结果一致，即随着纵向压力偏心距的增大，构件承担轴向压力的能力明显下降。偏心受压短柱的承载力为

$$N_u = \varphi_1 fA \tag{4-1}$$

式中　φ_1——偏心受压构件与轴心受压构件承载能力的比值，称为偏心影响系数；

　　　f——砌体的抗压强度设计值；

　　　A——构件的截面面积。

通过大量偏心受压短柱的破坏试验，得到的偏心受压影响系数 φ_1 与纵向力偏心距 e/i 之间的关系如图 4-2 所示。

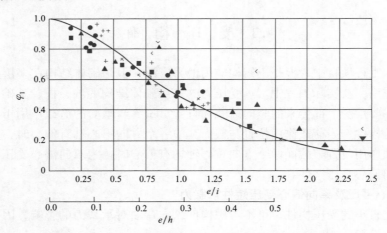

图 4-2　偏心受压构件的 $\varphi_1 - e/i(e/h)$ 关系曲线

通过对实验数据的回归分析，得到偏心影响系数 $\varphi_1 - e/i$ 的关系如下

$$\varphi_1 = \frac{1}{1 + (e/i)^2}$$
$$i = \sqrt{I/A} \tag{4-2}$$

式中　e——轴向力偏心距；

　　　i——截面的回转半径；

　　　I——截面沿偏心方向的惯性矩；

A——截面面积。

对于矩形截面，$i = h/\sqrt{12}$，则矩形截面的 φ_1 可写成

$$\varphi_1 = \frac{1}{1 + 12(e/h)^2} \tag{4-3}$$

式中 h——矩形截面在偏心方向的边长。

当截面为 T 形或其他非矩形截面形式时，可将非矩形截面按截面回转半径 i 相同的原则，折算为厚度为 h_T 的等效矩形截面。对于 T 形截面，折算厚度 $h_T \approx 3.5i$，可将 h_T 代入式 (4-3) 计算 φ_1。

4.1.2 轴心受压及单向偏心受压长柱承载力

当受压构件长细比较大时，构件纵向弯曲的影响不可忽视。

1. 轴心受压长柱

轴心受压长柱由于构件轴线的弯曲，截面材料的不均匀和荷载作用位置的偏差等原因，不可避免地存在侧向变形，因此，即便是轴心受压，也会有侧向变形引起的附加应力（弯曲应力），从而会降低轴心受压长柱的承载力。

根据材料力学受压杆件临界应力的计算公式，再考虑砌体弹性模量和砂浆强度等级的变化因素，《砌体规范》给出轴心受压长柱的承载力计算公式为

$$N_u = \varphi_0 f A \tag{4-4}$$

式中 φ_0——轴心受压长柱的稳定系数。

轴心受压长柱的稳定系数 φ_0 的计算公式为

$$\varphi_0 = \frac{1}{1 + \alpha\beta^2} \tag{4-5}$$

式中 α——与砂浆强度等级有关的系数，砂浆的强度等级大于或等于 M5 时 $\alpha = 0.0015$，砂浆的强度等级等于 M2.5 时 $\alpha = 0.002$，砂浆的强度为 0 时 $\alpha = 0.009$；

β——构件的长细比。

砌体结构中主要为墙体构件，因此长细比也称为高厚比，即砌体构件的计算高度 H_0 与墙厚或柱边长之比。构件计算高度 H_0 的取值规定详见第 6 章。

为了反映不同种类的块材砌体受压性能的差异，计算影响系数 φ_0 时，应先对构件高厚比 β 乘以修正系数 γ_β。γ_β 的取值规定如下：

（1）烧结普通砖、烧结多孔砖砌体 $\gamma_\beta = 1.0$。

（2）混凝土普通砖、混凝土多孔砖、混凝土及轻集料混凝土砌块砌体 $\gamma_\beta = 1.1$。

（3）蒸压灰砂普通砖、蒸压粉煤灰普通砖和细料石砌体 $\gamma_\beta = 1.2$。

（4）粗料石和毛石砌体 $\gamma_\beta = 1.5$。

（5）对灌孔混凝土砌块砌体 $\gamma_\beta = 1.0$。

2. 偏心受压长柱

偏心受压长柱在偏心距为 e 的轴向压力作用下，因侧向变形而产生纵向弯曲，引起附加偏心距 e_i，见图 4-3，使得柱中部截面的轴向力偏心距增大为 $e + e_i$，增大了截面弯矩，降低了柱的受压承载力，因此应考虑附加偏心距对柱的承载力影响。

将偏心受压长柱中部截面的偏心距 $e + e_i$ 代替偏心受压短柱 φ_1 计算式 (4-2) 中的 e，可得到偏心受压长柱考虑纵向弯曲和偏心距影响的系数 φ 为

图 4-3　偏心受压
长柱的纵向弯曲

$$\varphi = \frac{1}{1 + \left(\dfrac{e + e_i}{i}\right)^2} \tag{4-6}$$

当受压长柱为轴心受压时，$e=0$，$\varphi=\varphi_0$，即

$$\varphi_0 = \frac{1}{1 + \left(\dfrac{e_i}{i}\right)^2} \tag{4-7}$$

由式（4-7）可得附加偏心距 e_i 的计算公式为

$$e_i = i\sqrt{\frac{1}{\varphi_0} - 1} \tag{4-8}$$

对于矩形截面，$i = h/\sqrt{12}$，代入式（4-8），得到 e_i 的计算公式为

$$e_i = \frac{h}{\sqrt{12}}\sqrt{\frac{1}{\varphi_0} - 1} \tag{4-9}$$

将式（4-9）代入式（4-6）可得系数 φ 的最终计算公式为

$$\varphi = \frac{1}{1 + 12\left[\dfrac{e}{h} + \sqrt{\dfrac{1}{12}\left(\dfrac{1}{\varphi_0} - 1\right)}\right]^2} \tag{4-10}$$

对于 T 形或其他截面形式，可用折算厚度 h_t 代入式（4-10）计算 φ。

由此得到受压长柱承载力计算公式为

$$N_u = \varphi f A \tag{4-11}$$

4.1.3　轴心受压及单向偏心受压构件承载力计算

由于受压长柱 $e=0$ 时，$\varphi=\varphi_0$；构件高厚比 $\beta \leqslant 3$ 时，《砌体规范》规定 $\varphi_0 = 1$，由式（4-3）和式（4-10）可得 $e_i = 0$，即 $\beta \leqslant 3$ 时，$\varphi = \varphi_1$。因此，φ 可作为受压构件上述各种情况的统一影响系数。

轴心受压及单向偏心受压构件承载力的计算公式可以统一表达为

$$\gamma_0 N \leqslant N_u = \varphi f A \tag{4-12}$$

式中　γ_0——结构构件的重要性系数；

　　　N——构件轴向压力设计值；

　　　φ——高厚比 β 和轴向压力的偏心距 e 对受压构件承载力的影响系数，按式（4-10）计算，或查用由式（4-10）得到的表 4-1～表 4-3；

　　　f——砌体的抗压强度设计值；

　　　A——构件的截面面积。

若偏心受压构件的偏心距过大，构件在使用阶段易产生较宽的水平裂缝，构件的侧向变形也较大，构件的承载力明显下降，从经济性和合理性角度考虑都不宜采用。因此规定轴向力设计值偏心距应满足 $e \leqslant 0.6y$，y 是截面重心到轴向力所在偏心方向截面边缘的距离。当轴向力设计值偏心距超过限值时，应采取减小偏心距或采用组合砌体等措施。此外，对矩形截面构件，当轴向力偏心方向截面边长大于另一方向的边长时，除按偏心受压计算外，还应对较小边长方向按轴心受压进行承载力验算。

表 4-1　　　　　　　　　　　　　影响系数 φ （砂浆强度等级≥M5）

β	$\dfrac{e}{h}$ 或 $\dfrac{e}{h_T}$												
	0	0.025	0.05	0.075	0.1	0.125	0.15	0.175	0.2	0.225	0.25	0.275	0.3
≤3	1	0.99	0.97	0.94	0.89	0.84	0.79	0.73	0.68	0.62	0.57	0.52	0.48
4	0.98	0.95	0.90	0.85	0.80	0.74	0.69	0.64	0.58	0.53	0.49	0.45	0.41
6	0.95	0.91	0.86	0.81	0.75	0.69	0.64	0.59	0.54	0.49	0.45	0.42	0.38
8	0.91	0.86	0.81	0.76	0.70	0.64	0.59	0.54	0.50	0.46	0.42	0.39	0.36
10	0.87	0.82	0.76	0.71	0.65	0.60	0.55	0.50	0.46	0.42	0.39	0.36	0.33
12	0.82	0.77	0.71	0.66	0.60	0.55	0.51	0.47	0.43	0.39	0.36	0.33	0.31
14	0.77	0.72	0.66	0.61	0.56	0.51	0.47	0.43	0.40	0.36	0.34	0.31	0.29
16	0.72	0.67	0.61	0.56	0.52	0.47	0.44	0.40	0.37	0.34	0.31	0.29	0.27
18	0.67	0.62	0.57	0.52	0.48	0.44	0.40	0.37	0.34	0.31	0.29	0.27	0.25
20	0.62	0.57	0.53	0.48	0.44	0.40	0.37	0.34	0.32	0.29	0.27	0.25	0.23
22	0.58	0.53	0.49	0.45	0.41	0.38	0.35	0.32	0.30	0.27	0.25	0.24	0.22
24	0.54	0.49	0.45	0.41	0.38	0.35	0.32	0.30	0.38	0.26	0.24	0.22	0.21
26	0.50	0.46	0.42	0.38	0.35	0.33	0.30	0.28	0.26	0.24	0.22	0.21	0.19
28	0.46	0.42	0.39	0.36	0.33	0.30	0.28	0.26	0.24	0.22	0.21	0.19	0.18
30	0.42	0.39	0.36	0.33	0.31	0.28	0.26	0.24	0.22	0.21	0.20	0.18	0.17

表 4-2　　　　　　　　　　　　影响系数 φ （砂浆强度等级≥M2.5）

β	$\dfrac{e}{h}$ 或 $\dfrac{e}{h_T}$												
	0	0.025	0.05	0.075	0.1	0.125	0.15	0.175	0.2	0.225	0.25	0.275	0.3
≤3	1	0.99	0.97	0.94	0.89	0.84	0.79	0.73	0.68	0.62	0.57	0.52	0.48
4	0.97	0.94	0.89	0.84	0.78	0.73	0.67	0.62	0.57	0.52	0.48	0.44	0.40
6	0.93	0.89	0.84	0.78	0.73	0.67	0.62	0.57	0.52	0.48	0.44	0.40	0.37
8	0.89	0.84	0.78	0.72	0.67	0.62	0.57	0.52	0.48	0.44	0.40	0.37	0.34
10	0.83	0.78	0.72	0.67	0.61	0.56	0.52	0.47	0.43	0.40	0.37	0.34	0.31
12	0.78	0.72	0.67	0.61	0.56	0.52	0.47	0.43	0.40	0.37	0.34	0.31	0.29
14	0.72	0.66	0.61	0.56	0.51	0.47	0.43	0.40	0.36	0.34	0.31	0.29	0.27
16	0.66	0.61	0.56	0.51	0.47	0.43	0.40	0.36	0.34	0.31	0.29	0.26	0.25
18	0.61	0.56	0.51	0.47	0.43	0.40	0.36	0.33	0.31	0.29	0.26	0.24	0.23
20	0.56	0.51	0.47	0.43	0.39	0.36	0.33	0.31	0.28	0.26	0.24	0.23	0.21
22	0.51	0.47	0.43	0.39	0.36	0.33	0.31	0.28	0.26	0.24	0.23	0.21	0.20
24	0.46	0.43	0.39	0.36	0.33	0.31	0.28	0.26	0.24	0.23	0.21	0.20	0.18
26	0.42	0.39	0.36	0.33	0.31	0.28	0.26	0.24	0.22	0.21	0.20	0.18	0.17
28	0.39	0.36	0.33	0.30	0.28	0.26	0.24	0.22	0.21	0.20	0.18	0.17	0.16
30	0.36	0.33	0.30	0.28	0.26	0.24	0.22	0.21	0.20	0.18	0.17	0.16	0.15

表 4-3　　　　　　　　　　　　　　影响系数 φ（砂浆强度 0）

β	$\dfrac{e}{h}$ 或 $\dfrac{e}{h_T}$												
	0	0.025	0.05	0.075	0.1	0.125	0.15	0.175	0.2	0.225	0.25	0.275	0.3
≤3	1	0.99	0.97	0.94	0.89	0.84	0.79	0.73	0.68	0.62	0.57	0.52	0.48
4	0.87	0.82	0.77	0.71	0.66	0.60	0.55	0.51	0.46	0.43	0.39	0.36	0.33
6	0.76	0.70	0.65	0.59	0.54	0.50	0.46	0.42	0.39	0.36	0.33	0.30	0.28
8	0.63	0.58	0.54	0.49	0.45	0.41	0.38	0.35	0.32	0.30	0.28	0.25	0.24
10	0.53	0.48	0.44	0.41	0.37	0.34	0.32	0.29	0.27	0.25	0.23	0.22	0.20
12	0.44	0.40	0.37	0.34	0.31	0.29	0.27	0.25	0.23	0.21	0.20	0.19	0.17
14	0.36	0.33	0.31	0.28	0.26	0.24	0.23	0.21	0.20	0.18	0.17	0.16	0.15
16	0.30	0.28	0.26	0.24	0.22	0.21	0.19	0.18	0.17	0.16	0.15	0.14	0.13
18	0.26	0.24	0.22	0.21	0.19	0.18	0.17	0.16	0.15	0.14	0.13	0.12	0.12
20	0.22	0.20	0.19	0.18	0.17	0.16	0.15	0.14	0.13	0.12	0.12	0.11	0.10
22	0.19	0.18	0.16	0.15	0.14	0.14	0.13	0.12	0.12	0.11	0.10	0.10	0.09
24	0.16	0.15	0.14	0.13	0.13	0.12	0.11	0.11	0.10	0.10	0.09	0.09	0.08
26	0.14	0.13	0.13	0.12	0.11	0.11	0.10	0.10	0.09	0.09	0.08	0.08	0.07
28	0.12	0.12	0.11	0.11	0.10	0.10	0.09	0.09	0.08	0.08	0.08	0.07	0.07
30	0.11	0.10	0.10	0.09	0.09	0.09	0.08	0.08	0.07	0.07	0.08	0.07	0.06

【例 4-1】　某单排孔混凝土小型空心砌块墙体，墙厚 200mm，墙体底面单位长度承受的轴心压力标准值 N_k＝152kN，其中永久荷载标准值为 N_{Gk}＝98kN，采用的混凝土砌块强度等级为 MU10，混合砂浆强度等级为 Mb7.5，墙体计算高度为 H_0＝3.6m。试验算墙体承载力。

解　（1）单位墙长承受的轴心压力设计值。

$$N=1.3\times98kN+1.5\times(152-98)kN=208.4kN$$

（2）单位墙长截面面积。

$$A=0.2m\times1m=0.2m^2$$

因不是独立墙段，因此，不考虑截面尺寸较小时砌体抗压强度设计值调整。

（3）砌体抗压强度设计值及影响系数 φ。

由表 3-6 查得 MU10 混凝土砌块和 Mb7.5 混合砂浆砌筑的砌体抗压强度设计值 f＝2.5MPa。

对于混凝土小型空心砌块砌体，高厚比修正系数 γ_β＝1.1，则

$$\beta=\gamma_\beta\frac{H_0}{h}=1.1\times\frac{3600mm}{200mm}=19.8$$

墙体为轴心受压，e＝0，由表 4-1 查得 φ＝0.625。

（4）单位墙长受压承载力验算。

$$N_u=\varphi fA=0.625\times2.5MPa\times0.2\times10^6mm^2$$
$$=3.125\times10^5N=312.5kN>208.4kN$$

故墙体承载力满足要求。

【例 4-2】　某截面尺寸为 370mm×490mm 的砖柱，采用 MU15 烧结普通砖，M7.5 水泥砂浆砌筑，柱在两个平面的计算高度 H_0 相等，均为 3.6m。柱顶截面承受的轴心压力设计值 N＝155kN，弯矩设计值 M＝11.4kN·m，作用于长边方向。试对柱顶截面进行受压承载

力验算。

解　（1）柱抗压强度。

由表 3-3 查得，MU15 烧结普通砖、M7.5 水泥砂浆砌筑砌体的抗压强度设计值 $f=2.07\text{MPa}$。

（2）柱截面尺寸。

$$A = 370\text{mm} \times 490\text{mm} = 181300\text{mm}^2 = 0.18\text{m}^2 < 0.3\text{m}^2$$

因此，砌体抗压强度应乘以调整系数，即

$$\gamma_a = 0.7 + A = 0.7 + 0.18 = 0.88$$
$$f = 2.07\text{MPa} \times 0.88 = 1.82\text{MPa}$$

（3）柱弯矩作用平面受压承载力计算。

$$e = \frac{M}{N} = \frac{11.4 \times 10^6 \text{N} \cdot \text{mm}}{155 \times 10^3 \text{N}} = 73.5\text{mm} < 0.6y_1 = 0.6 \times 490/2 = 147\text{mm}$$

$$\beta = \frac{H_0}{h} = \frac{3600\text{mm}}{490\text{mm}} = 7.35$$

$$\frac{e}{h} = \frac{73.5\text{mm}}{490\text{mm}} = 0.15$$

由表 4-1 查得，$\varphi = 0.606$。

$$N_u = \varphi f A = 0.606 \times 1.82\text{N/mm}^2 \times 0.18 \times 10^6 \text{mm}^2$$
$$= 1.985 \times 10^5 \text{N} = 198.5\text{kN} > 155\text{kN}$$

故偏心方向柱受压承载力满足要求。

（4）弯矩作用平面外受压承载力计算。

$$\beta = \frac{H_0}{b} = \frac{3600\text{mm}}{370\text{mm}} = 9.73$$

$$\frac{e}{b} = 0$$

由表 4-1 查得，$\varphi = 0.875 > 0.606$。

故平面外受压承载力也满足要求。

【例 4-3】　某食堂带壁柱窗间墙，截面尺寸如图 4-4 所示，壁柱高 5.4m，计算高度 $H_0 = 6.48\text{m}$，采用 MU15 烧结多孔砖（孔洞率<30%）及 M5 混合砂浆砌筑。承受轴心压力设计值 $N = 250\text{kN}$，弯矩设计值 $M = 21\text{kN} \cdot \text{m}$，弯矩方向是墙体外侧受压，壁柱受拉。试验算该墙体的承载力。

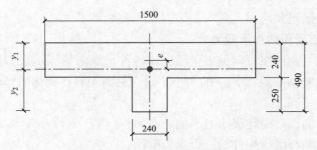

图 4-4　［例 4-3］窗间墙截面尺寸

解　（1）截面几何特征。

截面面积

$$A = 1500\text{mm} \times 240\text{mm} + 240\text{mm} \times 250\text{mm} = 420000\text{mm}^2 = 0.42\text{m}^2 > 0.3\text{m}^2$$

截面重心位置

$$y_1 = \frac{1500\text{mm} \times 240\text{mm} \times 120\text{mm} + 240\text{mm} \times 250\text{mm} \times (240\text{mm} + 125\text{mm})}{420000\text{mm}^2} = 155\text{mm}$$

$$y_2 = 490\text{mm} - 155\text{mm} = 335\text{mm}$$

截面惯性矩

$$I = \frac{1500\text{mm} \times 240^3\text{mm}^3}{12} + 1500\text{mm} \times 240\text{mm} \times (155\text{mm} - 120\text{mm})^2 +$$

$$\frac{240\text{mm} \times 250^3\text{mm}^3}{12} + 240\text{mm} \times 250\text{mm} \times (335\text{mm} - 125\text{mm})^2$$

$$= 5.1275 \times 10^9\text{mm}^4$$

截面回转半径

$$i = \sqrt{\frac{I}{A}} = \sqrt{\frac{5.1275 \times 10^9\text{mm}^4}{420000\text{mm}^2}} = 110.5\text{mm}$$

截面折算厚度

$$h_T = 3.5i = 3.5 \times 110.5\text{mm} = 386.8\text{mm}$$

偏心距

$$e = \frac{M}{N} = \frac{21 \times 10^6\text{N} \cdot \text{mm}}{250 \times 10^3\text{N}} = 84\text{mm} < 0.6y = 0.6 \times 155 = 93\text{mm}$$

（2）砌体抗压强度及影响系数 φ。

由表 3-3 查得砌体抗压强度设计值 $f = 1.83\text{MPa}$，则

$$\beta = \frac{H_0}{h_T} = \frac{6480\text{mm}}{386.8\text{mm}} = 16.75$$

$$\frac{e}{h_T} = \frac{84\text{mm}}{386.8\text{mm}} = 0.217$$

由表 4-1 查得，$\varphi = 0.339$。

（3）窗间墙受压承载力验算。

$$N_u = \varphi f A = 0.339 \times 1.83\text{N/mm}^2 \times 4.2 \times 10^5\text{mm}^2$$

$$= 2.606 \times 10^5\text{N} = 260.6\text{kN} > N = 250\text{kN}$$

故窗间墙承载力满足要求。

4.1.4　双向偏心受压构件承载力

在实际工程中还可能存在双向偏心受压砌体构件，双向偏压示意如图 4-5 所示。试验结果表明，随着两个方向偏心距 e_h、e_b 的大小不同（见图 4-5），砌体的竖向、水平向裂缝的出现、发展及破坏形态不同。

（1）当两个方向的偏心距均很小时（偏心率 e_h/h 和 e_h/b 均小于 0.2），砌体从受力、开裂以至破坏均类似于轴心受压构件的三个受力阶段。

（2）当一个方向偏心距很大（偏心率达 0.4），而另一方向偏心距很小（偏心距小于

0.1）时，砌体的受力性能与单向偏心受压类似。

（3）当两个方向偏心率达 0.2～0.3 时，砌体内水平裂缝和竖向裂缝几乎同时出现。

（4）当两个方向偏心率达 0.3～0.4 时，砌体内水平裂缝较竖向裂缝出现早，而且无筋砌体双向偏心受压构件一旦出现水平裂缝，截面受拉边立即退出工作，受压区面积减小，构件刚度降低，纵向弯曲的不利影响随之增大。因此，《砌体规范》对双向偏心受压构件的偏心距给予限制，e_b、e_h 分别不宜大于 $0.5x$ 和 $0.5y$，x 和 y 分别为截面重心沿 x 轴和 y 轴方向至轴向力偏心方向截面边缘的距离。

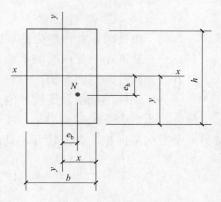

图 4-5　双向偏压示意图

根据短柱试验结果，与单向偏心受压构件相似，可以得出矩形截面双向偏心受压构件的偏心影响系数计算公式

$$\varphi_1 = \cfrac{1}{1 + 12\left(\cfrac{e_b}{b}\right)^2 + 12\left(\cfrac{e_h}{h}\right)^2} \tag{4-13}$$

式中　e_b、e_h——轴向力在截面重心 x 方向和 y 方向的偏心距；

　　　b、h——矩形截面在 x 方向和 y 方向的边长。

与单向偏心受压构件一样通过附加偏心距法可得到双向偏心受压承载力的影响系数计算公式

$$\varphi = \cfrac{1}{1 + 12\left(\cfrac{e_b + e_{ib}}{b}\right)^2 + 12\left(\cfrac{e_h + e_{ih}}{h}\right)^2} \tag{4-14}$$

沿 h 方向单向偏心受压时

$$\varphi = \cfrac{1}{1 + 12\left(\cfrac{e_b + e_{ib}}{b}\right)^2}$$

当 $e_h = 0$ 时，$\varphi = \varphi_0$，则得

$$e_{ih} = \cfrac{h}{\sqrt{12}}\sqrt{\cfrac{1}{\varphi_0} - 1}$$

同样，沿 b 方向单向偏心受压时，可得

$$e_{ib} = \cfrac{b}{\sqrt{12}}\sqrt{\cfrac{1}{\varphi_0} - 1}$$

根据试验结果进行修正，则得

$$e_{ih} = \cfrac{h}{\sqrt{12}}\sqrt{\cfrac{1}{\varphi_0} - 1\left(\cfrac{e_h/h}{e_h/h + e_h/b}\right)} \tag{4-15}$$

$$e_{ih} = \cfrac{h}{\sqrt{12}}\sqrt{\cfrac{1}{\varphi_0} - 1\left(\cfrac{e_b/h}{e_b/h + e_b/b}\right)} \tag{4-16}$$

由此，砌体双向偏心受压构件的承载力计算为

$$\gamma_0 N \leqslant \varphi f A$$

式中　N——由荷载设计值产生的双向偏心轴向力；

　　　φ——双向偏心受压时的承载力影响系数，按式（4-14）计算；

　　　A——构件的截面面积；

　　　f——砌体的抗压强度设计值。

此外，当一个方向的偏心率（e_h/h 或 e_h/b）不大于另一方向的偏心率的 5% 时，可简化按另一个方向单向偏心受压计算，其误差不大于 5%。

4.2　局　部　受　压

当压力作用于砌体局部面积上时，称为局部受压。局部受压是砌体结构常见的受力形式。例如，砖柱支承于基础上、梁支承于墙体上等。一般局部受压面较小，而承受的压力往往较大，如设计不当，将会发生砌体局部受压破坏，造成严重工程事故。特别是在地震区，预制梁、板支撑在砌体结构上，由于水平地震作用产生摇晃，极易使梁、板从支撑砌体上滑落，发生构件破坏乃至造成人员伤亡，增加梁、板构件的支撑长度对砌体的局部受压也起到了有利的作用。

4.2.1　局部均匀受压

当砌体局部面积上的压应力为均匀分布时，称为局部均匀受压。

1. 局部受压应力状态

由试验研究和理论分析可知，砌体在局部均匀压力作用下，其应力分布情况如图 4-6 所示。

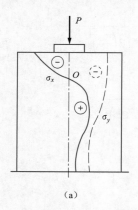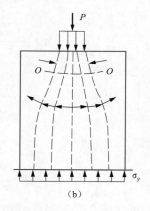

（a）　　　　　　　　　　　（b）

图 4-6　砌体局部均匀受压的应力分布

（a）局部受压应力分布；（b）应力传递

在局部压力合力点下竖直截面上的水平应力 σ_x 和竖向应力 σ_y 的分布情况如图 4-6（a）所示，图中"＋"号为拉应力，"－"号为压应力。由图 4-6 可见，水平应力 σ_x 在受压面下一段高度范围内为压应力，此高度范围砌体处于双向或三向受力状态，因而可提高砌体的抗压强度。水平应力 σ_x 在受压面下最大，向下很快变小直至为零，进而转为受拉应力状态。随着竖向位置逐渐向下，水平方向拉应力逐渐增大，当水平拉应力超过砌体的抗拉强度时将出现竖直裂缝。水平拉应力的最大值一般在 2～3 皮砖处，再向下位置水平拉应力逐渐减小。在局部压力合力点下竖直截面上的竖向应力 σ_y 始终是为压应力，局部受压面位置压应力最大，随着与受压面的距离增大，竖向压应力逐渐减小。

局部受压面上的压力在砌体中的传递过程如图 4-6（b）所示。砌体承受的局部压力在向下传递的过程当中，压力的作用范围逐渐增大，压应力数值逐渐减小，即在压应力向下传递过程当中，存在压应力逐渐扩散的过程。

2. 局部受压破坏形态

试验结果表明，砌体局部受压有三种破坏形态，如图 4-7 所示。

（1）竖向裂缝发展而破坏。图 4-7 所示为一在墙体顶面中部承受局部压力砌体的破坏状态。当砌体局部受压面积不是很小时，在砌体所受局部压力达到一定数值时，将在局部受压面下水平拉应力较大处出现竖直裂缝；随着局部压力的增加，竖向裂缝逐渐扩展，同时在其两侧也逐渐出现多条斜向裂缝；随着局部压力的继续加大，裂缝数量逐渐增多，部分裂缝向上和向下逐渐延伸、扩展，最终形成一条主裂缝，导致砌体丧失承载能力，发生局部受压破坏，其破坏形态如图 4-7（a）所示。

（2）劈裂破坏。当砌体局部受压面积很小时，砌体内横向拉应力分布趋于均匀，较长区段内同时达到砌体抗拉强度，砌体一旦出现竖向裂缝，立即成为一条主裂缝，致使砌体发生突然破坏，这种破坏犹如刀劈一样，因此，称之为劈裂破坏，这种破坏脆性明显，危害较大。其破坏形态如图 4-7（b）所示。

（3）受压面下砌体局部压碎破坏。当砌体强度较低，局部受压面积较小时，还可能发生局部受压面下砌体局部压碎的破坏形态，如图 4-7（c）所示。这种情况一般通过限制材料最低强度等级，即可避免发生此类破坏。

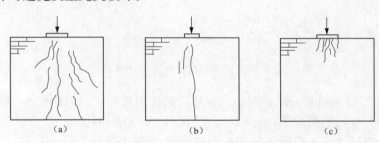

图 4-7 砌体局部均匀受压的破坏形态
（a）竖向裂缝发展而破坏；（b）劈裂破坏；（c）局部受压破坏

3. 局部抗压强度提高系数

实验结果表明，砌体在承受局部压力作用时，其抗压强度要较全截面受压时抗压强度要高。这主要是因为，局部的受压砌体受周围砌体的侧向约束作用，即受周围砌体的"套箍"作用，这种作用使其裂缝出现延迟并减小，增加了砌体局部受压承载力，同时局部压应力在向下传递过程当中逐渐扩散，也有利于砌体承载力的提高。

将砌体局部抗压强度与全截面受压时抗压强度之比称之为砌体局部抗压强度提高系数 γ，根据实验结果，其计算公式为

$$\gamma = 1 + 0.35\sqrt{\frac{A_0}{A_1} - 1} \tag{4-17}$$

式中 γ——砌体局部抗压强度提高系数；

A_0——影响砌体局部抗压强度的计算面积；

A_1——局部受压面积。

影响砌体局部抗压强度的计算面积按图 4-8 确定：①在图 4-8（a）的情况下，$A_0 = (a + c + h)h$；②在图 4-8（b）的情况下，$A_0 = (b + 2h)h$；③在图 4-8（c）的情况下，$A_0 = (a + h)h + (b + h_1 - h)h_1$；④在图 4-8（d）的情况下，$A_0 = (a + h)h$。上列各式中 a、b 为矩形局部受压面积 A_1 的边长；h、h_1 为墙厚或柱的较小边长，墙厚；c 为矩形局部受压面积的外边缘至构件边缘的较小距离，当大于 h 时应取 h。

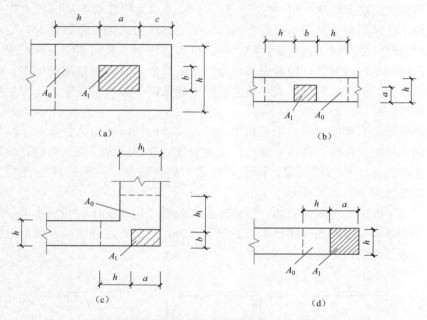

图 4-8　影响砌体局部抗压强度的计算面积 A_0

为了避免 A_0/A_1 超过某一限值时会出现危险的劈裂破坏，《砌体规范》对 γ 值做了上限规定：①在图 4-8（a）的情况下，$\gamma \leqslant 2.5$；②在图 4-8（b）的情况下，$\gamma \leqslant 2.0$；③在图 4-8（c）的情况下，$\gamma \leqslant 1.5$；④在图 4-6（d）的情况下，$\gamma \leqslant 1.25$。

按《砌体规范》要求灌孔的混凝土砌块砌体，在图 4-8（a）和图 4-8（b）所示情况下应符合 $\gamma \leqslant 1.5$；对于未灌孔的混凝土砌块砌体和孔洞难以灌实的多孔砖砌体，$\gamma = 1.0$。

4. 局部均匀受压承载力计算

砌体局部均匀受压承载力计算公式为

$$N_l \leqslant \gamma f A_1 \tag{4-18}$$

式中　　N_l——局部压力设计值；

　　　　γ——砌体局部抗压强度提高系数；

　　　　f——砌体的抗压强度设计值，局部受压面积小于 0.3m^2，可不考虑强度调整系数 γ_a 的影响；

　　　　A_1——局部受压面积。

4.2.2　梁端支承处砌体局部受压

1. 梁端有效支承长度

当梁直接支承在砌体上时，由于梁的弯曲变形及支承处砌体的压缩变形，使梁的末端有翘起趋势，可能会与砌体脱开，见图 4-9，使梁的实际支承长度 a_0 出现小于设计支承长度 a 的情况，因此，把梁实际支承长度称之为有效支承长度 a_0。有效支承长度的取值取决于局部压力、梁的刚度、砌体的刚度等。

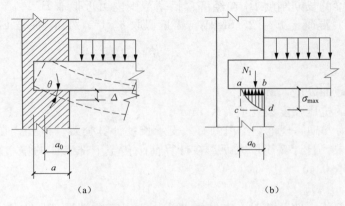

图 4-9　梁端局部受压情况
（a）变形情况；（b）应力分布

根据力的平衡关系

$$N_1 = \eta \sigma_{max} a_0 b \qquad (4\text{-}19)$$

式中　N_1——梁端局部压力；

　　σ_{max}——局部受压边缘处最大压应力；

　　η——梁端底面压应力图形的完整系数，即局部压应力平均值与受压边缘应力最大值之比；

　　a_0——梁端有效支承长度；

　　b——梁截面宽度。

假设梁下局部受压砌体的压缩变形为线性分布，因此

$$\sigma_{max} = k y_{max} = k a_0 \tan\theta \qquad (4\text{-}20)$$

式中　k——砌体压缩刚度系数，N/mm³；

　　y_{max}——局部受压边缘最大压缩变形；

　　θ——梁端转角。

将式（4-20）代入式（4-19）得

$$N_l = \eta k a_0^2 b \tan\theta$$

则

$$a_0 = \sqrt{\dfrac{N_l}{\eta k b \tan\theta}} \qquad (4\text{-}21)$$

通过试验发现，ηk 与砌体强度设计值 f 的比值比较稳定，为了简化计算，考虑到砌体的塑性变形影响等因素，$\eta k = 0.0007f$，则

$$a_0 = 38\sqrt{\dfrac{N_l}{fb\tan\theta}} \qquad (4\text{-}22)$$

注意式（4-22）中，a_0、b 以 mm 为单位；N_l 以 kN 为单位；f 以 MPa 为单位。计算所

得 a_0 不应大于实际支承长度 a 值。

对于均布荷载作用的钢筋混凝土简支梁，其跨度小于 6m 时，可将式（4-22）进一步简化。取 $N_l = ql/2$，$\theta = ql^3/24B_l$，考虑到混凝土梁开裂对刚度的影响以及长期荷载下刚度的折减，钢筋混凝土梁的长期刚度 B_l 在经济含钢率范围内可近似取 $B_l = 0.33E_c I_c$，$I_c = bh_c^3/12$，对于常用的 C20 混凝土 $E_c = 25.5 \text{MPa}$。再近似取 $h_c/l = 1/11$，则式（4-22）可简化为

$$a_0 = 10\sqrt{\frac{h_c}{f}} \tag{4-23}$$

式中 h_c——梁的截面高度，mm；

f——砌体的抗压强度设计值，N/mm^2。

式（4-23）即为《砌体规范》给出的有效支承长度计算公式。该公式在常用跨度梁情况下满足工程精度要求，且计算简单方便。在计算荷载传至下部砌体的偏心距时，N_l 的作用点距墙的内表面可取 $0.4a_0$。

2. 梁端砌体局部受压

当梁端没有上部传来的荷载时，砌体局部受压面只有梁端局部压力 N_l（如顶层屋面梁支承处），此时局部受压承载力计算公式为

$$N_l \leqslant \eta\gamma f A_l \tag{4-24}$$

式中 η——梁端底面压应力图形的完整系数，一般可取 $\eta = 0.7$，过梁、墙梁 $\eta = 1.0$；

γ——局部抗压强度提高系数，仍按局部均匀受压情况采用。

当梁端有上部传来的荷载时（如楼面梁支承处），梁端局部受压面承受的荷载情况比较复杂。如图 4-10 所示，在楼面梁支承处，既有梁端局部压力 N_l 产生的局部压应力 σ_l，又有上部砌体传来的压力 N_0 产生的压应力 σ_0。试验表明，砌体局部受压破坏时这两种应力并不是简单地叠加，由于梁的弯曲变形及梁端底部砌体压缩变形增大，使梁端顶部与砌体的接触面积减小，甚至完全脱开，形成内拱，见图 4-11，使梁端顶面上部荷载向梁的两侧传递。此时，梁支承面两侧的砌体压应力增大，增加了对局部受压范围的侧向约束，更有利于局部受压承载力的提高。但如果上部荷载产生的压应力 σ_0 较大，上部砌体的压缩变形增大，梁端顶部与砌体的接触面积也增大，则内拱作用减小，梁两侧砌体对局部受压范围的侧向约束作用也减小，对砌体局部受压的有利作用将减小。

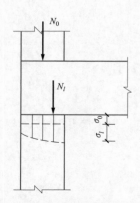

图 4-10 梁端支承处的砌体应力

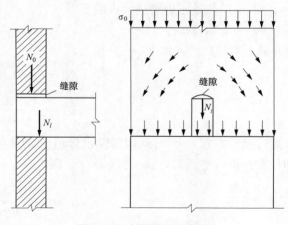

图 4-11 内拱作用示意图

试验结果还表明：砌体的内拱作用与 A_0/A_l 的大小有关，当 $A_0/A_l>2$ 时，内拱作用明显，可不考虑上部传来的荷载。为偏于安全，《砌体规范》取 $A_0/A_l \geqslant 3$。对于 $1 \leqslant A_0/A_l < 3$ 时，对上部荷载进行折减，乘以折减系数，折减系数 ψ 计算公式为

$$\psi = 1.5 - 0.5 \frac{A_0}{A_l} \tag{4-25}$$

式中　ψ——上部荷载折减系数，当 $A_0/A_l \geqslant 3$ 时，$\psi = 0$。

当梁端有上部砌体传来荷载时，局部受压承载力的计算公式为

$$\psi N_0 + N_l \leqslant \eta \gamma f A_l \tag{4-26}$$

式中　N_0——局部受压面积内由上部荷载产生的轴向力设计值。

【例 4-4】　某窗间墙如图 4-12 所示，窗间墙尺寸为 1200mm×370mm，采用 MU20 混凝土普通砖和 Mb5 混合砂浆砌筑，承受梁端传来局部压力设计值 $N_l = 98$kN，上部砌体传来的荷载设计值 $N_u = 160$kN，梁截面尺寸为 200mm×400mm，梁设计支承长度 $a = 240$mm。试对梁端砌体进行局部受压承载力验算。

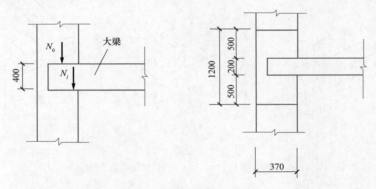

图 4-12　[例 4-4] 窗间墙

解　(1) 梁端局部受压面积。

由表 3-4 查得，砌体抗压强度设计值 $f = 2.12$MPa，则

$$a_0 = 10\sqrt{\frac{h_c}{f}} = 10\sqrt{\frac{400\text{mm}}{2.12\text{MPa}}} = 137.4\text{mm} < a = 240\text{mm}$$

$$A_l = a_0 b = 137.4\text{mm} \times 200\text{mm} = 27480\text{mm}^2$$

(2) 砌体局部抗压强度提高系数。

$$A_0 = (200 + 2 \times 370\text{mm}) \times 370\text{mm} = 347800\text{mm}^2 \leqslant 1200\text{mm} \times 370\text{mm} = 444000\text{mm}^2$$

$$\gamma = 1 + 0.35\sqrt{\frac{A_0}{A_l} - 1} = 1 + 0.35\sqrt{\frac{347800}{27480} - 1} = 2.2 \geqslant 2.0$$

故取 $\gamma = 2.0$。

(3) 上部荷载作用于局部受压面上的压力 N_0。

由于上部荷载作用于整个窗间墙上，则

$$\sigma_0 = \frac{160000\text{N}}{370\text{mm} \times 1200\text{mm}} = 0.36\text{MPa}$$

$$N_0 = \sigma_0 A_l = 0.36\text{MPa} \times 27480\text{mm}^2 = 9893\text{N} = 9.89\text{kN}$$

$$\frac{A_0}{A_l}=\frac{347800}{27480}=12.7>3,\ \psi=0$$

（4）梁端砌体局部受压承载力计算。

$$\eta\gamma f A_l=0.7\times2.0\times2.12\text{MPa}\times27480\text{mm}^2=81561\text{N}=81.56\text{kN}<N_l=98\text{kN}$$

故梁端局部受压承载力不满足要求。

4.2.3　梁端刚性垫块下砌体局部受压

当梁端下砌体局部受压承载力不满足要求时，常在梁端下设置预制或现浇混凝土垫块（见图 4-13），以扩大砌体局部受压面积，提高局部受压承载力。特别是在大跨度屋架和梁端支承处，需按照构造要求设置混凝土或钢筋混凝土垫块，或者当砌体墙中有圈梁时，垫块与圈梁宜浇成整体，以经济的手段提高局部受压承载力，特别是设置预制垫块，施工方便，应用广泛。

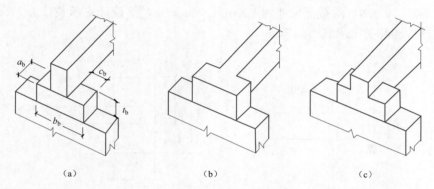

图 4-13　混凝土垫块
（a）预制混凝土垫块；（b）、（c）现浇混凝土垫块

当混凝土垫块高度 $t_b\geqslant180$mm，且垫块自梁边缘挑出长度 c_b 不大于垫块高度时，此时垫块底部压应力沿垫块长度方向分布比较均匀，称之为刚性垫块。试验表明，其受力性能既具有局部受压特点，又具有偏心受压的特点。垫块底面积以外的砌体对局部受压范围仍能提供有利的影响，但考虑到垫块底面较大且压应力分布不均匀，为了偏于安全，取垫块外砌体面积的有利影响系数 $\gamma_1=0.8\gamma$（γ 为砌体的局部抗压强度提高系数）；由于垫块面积比梁的端部要大得多，内拱卸荷作用不显著，所以不考虑上部荷载折减；由于垫块底面积较大，又处于偏心受压状态，所以基本采用偏心受压短柱的承载力计算形式。

《砌体规范》给出的刚性垫块底部砌体局部受压承载力的计算公式为

$$N_0+N_l\leqslant\varphi\gamma_1 f A_b$$
$$N_0=\sigma_0 A_b \tag{4-27}$$
$$A_b=a_b\times b_b$$

式中　N_0——垫块面积 A_b 上由上部荷载设计值产生的轴向力；

　　　A_b——刚性垫块底面积；

　　　φ——垫块上 N_0 及 N_l 的合力影响系数，但不考虑纵向弯曲影响，即查表 4-1～表 4-3 中 $\beta\leqslant3$ 时的 φ 值；

　　　γ_1——垫块外砌体面积的有利影响系数，$\gamma_1=0.8\gamma$，但不小于 1，γ 按式（4-17）计

算，式中 A_l 用 A_b 计算；

　　a_b——垫块宽度；

　　b_b——垫块长度。

对于带壁柱墙体，在壁柱内设垫块时（见图 4-14），由于墙的翼缘部分大多位于压应力较小处，对局部受压范围提供的有利影响有限，因此，在计算 A_0 时，只取壁柱截面积而不计翼缘挑出部分；为保证壁柱与翼墙之间的整体性，要求壁柱上垫块伸入翼墙内的长度不应小于 120mm。

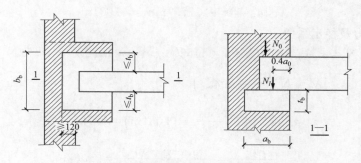

图 4-14　带壁柱墙体刚性垫块要求

在设置混凝土刚性垫块时，梁端有效支承长度 a_0 与梁端支承于砌体上有所不同，根据试验结果并经过简化处理，《砌体规范》给出设置混凝土刚性垫块时，梁端有效支承长度计算公式为

$$a_0 = \delta_1 \sqrt{\frac{h_c}{f}} \tag{4-28}$$

式中　a_0——垫块上表面梁端的有效支承长度；

　　　δ_1——刚性垫块的影响系数，见表 4-4；

　　　h_c——梁的截面高度；

　　　f——砌体的抗压强度设计值。

表 4-4　　　　　　　　　　　　　　系数 δ_1 取值

σ_0/f	0	0.2	0.4	0.6	0.8
δ_1	5.4	5.7	6.0	6.9	7.8

注　表中其间的数值可采用插入法求得。

N_l 在垫块上的作用位置可取在 $0.4a_0$ 处，如图 4-14 所示。

当采用现浇混凝土垫块时，砌体局部受压与预制垫块有所不同，如梁垫将与梁共同变形，梁的有效支承长度也与预制垫块有所不同，但为简化计算且偏于安全考虑，也可按上述预制垫块公式进行局部受压承载力计算。

【例 4-5】　若［例 4-4］窗间墙的梁端下设置预制混凝土刚性垫块，其尺寸为 $b_b=$ 480mm、$a_b=240$、$t_b=240mm$，试对梁垫底面砌体进行局部受压承载力验算。

　　解　（1）设置刚性垫块后几何参数计算。

$$A_b = b_b \times a_b = 480mm \times 240mm = 115200m^2$$

$$b_b + 2 \times h = 480\text{mm} + 2 \times 370\text{mm} = 1220\text{mm} > 1200\text{mm}，取 1200\text{mm}$$

$$A_0 = (b_b + 2 \times h) \times h = 1200\text{mm} \times 370\text{mm} = 444000\text{mm}^2$$

$$\frac{\sigma_0}{f} = \frac{0.36\text{MPa}}{2.12\text{MPa}} = 0.17$$

查得 $\delta_1 = 5.66$，则

$$a_0 = \delta_1 \sqrt{\frac{h_c}{f}} = 5.66 \sqrt{\frac{400\text{mm}}{2.12\text{MPa}}} = 77.7\text{mm} < a = 240\text{mm}$$

$$0.4a_0 = 0.4 \times 77.7\text{mm} = 0.031\text{m}$$

（2）截面内力及稳定系数 φ。

$$N_0 = \sigma_0 A_b = 0.36\text{MPa} \times 115200\text{mm}^2 = 41472\text{N} \approx 41.5\text{kN}$$

$$M = N_l \left(\frac{a_b}{2} - 0.4a_0 \right)$$

$$= 98\text{kN} \times \left(\frac{0.24\text{m}}{2} - 0.031\text{m} \right) = 8.7\text{kN} \cdot \text{m}$$

$$e = \frac{M}{N_l + N_0} = \frac{8.7\text{kN} \cdot \text{m}}{98\text{kN} + 41.5\text{kN}} = 0.062\text{m}$$

$$\varphi = \frac{1}{1 + 12 \left(\frac{e}{a_b} \right)^2} = \frac{1}{1 + 12 \left(\frac{0.062\text{m}}{0.24\text{m}} \right)^2} = 0.555$$

（3）局部受压承载力的验算。

$$\gamma_1 = 0.8 \times \left(1 + 0.35 \sqrt{\frac{A_0}{A_b} - 1} \right) = 0.8 \times \left(1 + 0.35 \sqrt{\frac{444000\text{mm}}{115200\text{mm}} - 1} \right) = 1.273$$

$$N_0 + N_l = 41.5\text{kN} + 98\text{kN} = 139.5\text{kN} < \varphi\gamma_1 f A_b = 0.555 \times 1.273 \times 2.12\text{MPa} \times 115200\text{mm}$$

$$= 172548\text{N} = 172.5\text{kN}$$

故该梁垫底部砌体局部受压承载力满足要求。

4.2.4 梁端垫梁下砌体局部受压

当梁支承于钢筋混凝土垫梁上时（如钢筋混凝土圈梁），梁端压力产生的竖向压应力分布在较大的范围内，见图 4-15。此时，可将垫梁视为弹性地基梁，而将垫梁下墙体视为支承垫梁的弹性地基，按弹性力学理论求梁端压力在垫梁底面产生的压应力峰值和分布范围。

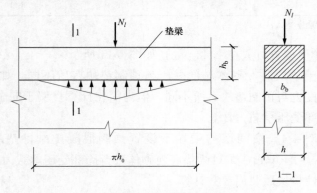

图 4-15 垫梁局部受压

1. 局部均匀受压垫梁

当作用于垫梁上的荷载既有梁端局部压力 N_l，又有上部砌体传来的荷载 N_0 时，见图 4-16，设局部压力位于垫宽重心，垫梁底部压应力沿垫宽方向为均匀分布，设压应力峰值为 σ_{ymax}、上部砌体产生的均匀压应力为 σ_0，根据试验，垫梁下砌体局部受压最大应力值应符合下式要求

$$\sigma_{ymax} + \sigma_0 \leqslant 1.5f \tag{4-29}$$

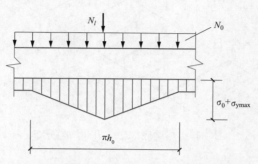

图 4-16　N_0 和 N_l 同时作用垫梁应力

由弹性力学可知，弹性地基梁下压应力的分布与垫梁的抗弯刚度 E_cI_c 及砌体的压缩刚度有关，设沿着垫梁长度方向，垫梁底部压应力为线性分布，分布范围为 πh_0，局部压力产生的压应力的峰值 σ_{ymax} 为

$$\sigma_{ymax} = \frac{2N_l}{\pi b_b h_0} \tag{4-30}$$

$$h_0 = \sqrt[3]{\frac{E_cI_c}{Eh}} \tag{4-31}$$

式中　σ_{ymax}——局部压力在垫梁底面产生的压应力峰值；

　　　N_l——梁端局部压力；

　　　b_b——垫梁的宽度；

　　　h_0——将垫梁折算成和下部墙体同厚度砌体材料时的高度；

　　　E_cI_c——垫梁的弹性模量、截面惯性矩；

　　　E——砌体的弹性模量；

　　　h——墙厚。

将式（4-30）代入式（4-29），可得

$$\sigma_0 + \frac{2N_l}{\pi h_0 b_b} \leqslant 1.5f$$

$$\frac{\sigma_0 \pi h_0 b_b}{2} + N_l \leqslant \frac{1.5f \pi h_0 b_b}{2}$$

令：$N_0 = \frac{1}{2}\pi h_0 b_b \sigma_0$，$\frac{1.5 \times 3.14}{2} = 2.355 \approx 2.4$，可得到局部均匀受压垫梁下砌体局部受压承载力计算公式为

$$N_0 + N_l \leqslant 2.4 h_0 b_b f \tag{4-32}$$

2. 局部非均匀受压垫梁

当垫梁承受的局部压力在垫梁宽度方向有偏心时，垫梁底面压应力沿垫宽方向为非均匀

分布，见图 4-17。此时，梁端局部压力产生的应力峰值增大到 3 陪，砌体局部抗压强度也提了 1.5 倍，垫梁底部压应力值应满足

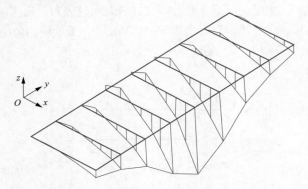

图 4-17　垫梁底部压应力非均匀分布

$$\sigma_0 + \frac{2N_l}{\pi h_0 b_b} \times 3 \leqslant 1.5f \times 1.5 \tag{4-33}$$

将式（4-33）整理并简化可得

$$N_0 + N_l \leqslant 2.4\delta_2 h_0 b_b f \tag{4-34}$$

式中　δ_2——垫梁底面压应力分布系数，当荷载沿墙厚方向均匀分布时 δ_2 取 1.0，不均匀时 δ_2 可取 0.8。

式（4-34）中 δ_2 考虑了垫梁下砌体局部压应力沿垫宽方向均匀分布和非均匀分布两种情况，因此，式（4-34）即垫梁下砌体局部受压的统一表达式。

4.3　受拉、受弯、受剪构件

4.3.1　受拉构件

轴心受拉构件承载力计算公式为

$$N_t \leqslant f_t A \tag{4-35}$$

式中　N_t——轴心拉力设计值；
　　　f_t——砌体的轴心抗拉强度设计值，应按表 3-9 选用；
　　　A——构件截面面积。

4.3.2　受弯构件

受弯构件除进行受弯承载力计算外，还应进行受剪承载力计算。

1. 受弯承载力

受弯承载力计算公式

$$M \leqslant f_{tm} W \tag{4-36}$$

式中　M——弯矩设计值；
　　　f_{tm}——砌体弯曲抗拉强度设计值，应按表 3-9 选用；
　　　W——截面抵抗矩。

2. 受剪承载力

受弯构件的受剪承载力，应按式（4-37）计算

$$V \leqslant f_v bz$$
$$z = I/S \tag{4-37}$$

式中　V——剪力设计值；

　　　f_v——砌体的抗剪强度设计值，应按表 3-9 采用；

　　　b——截面宽度；

　　　z——内力臂，当截面为矩形时，取 z 等于 $2h/3$；

　　　I——截面惯性矩；

　　　S——截面面积矩；

　　　h——截面高度。

4.3.3　受剪构件

一般在砌体受剪的同时，还存在垂直压应力。根据剪摩理论，《砌体规范》给出的沿通缝或沿阶梯形截面破坏时受剪承载力的计算公式为

$$V \leqslant (f_v + \alpha\mu\sigma_0)A \tag{4-38}$$

当 $\gamma_G = 1.3$ 时

$$\mu = 0.26 - 0.082\frac{\sigma_0}{f} \tag{4-39}$$

式中　V——截面剪力设计值；

　　　A——构件水平截面面积，当有孔洞时，取砌体净截面面积；

　　　f_v——砌体的抗剪强度设计值；

　　　α——修正系数，当 $\gamma_G = 1.3$ 时，对砖砌体取 0.6，对混凝土砌块砌体取 0.64；

　　　μ——剪压复合受力影响系数，按式（4-39）、式（4-40）计算；

　　　σ_0——永久荷载设计值产生的水平截面平均压应力，其值不应大于 $0.8f$；

　　　f——砌体的抗压强度设计值。

【例 4-6】　某矩形浅水池，池壁高 $H = 1.6\text{m}$，池壁厚度 $h = 620\text{mm}$，见图 4-18，采用 MU10 烧结普通砖和 M7.5 水泥砂浆砌筑，试按满池水验算池壁的承载力。

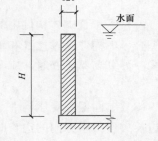

图 4-18　［例 4-6］水池池壁剖面

解　（1）砌体强度。

查表 3-10 得 $f_{tm} = 0.14\text{MPa}$，$f_v = 0.14\text{MPa}$。

（2）池壁内力计算。

取单位长度池壁，按悬臂板承受三角形水压力计算内力，即

$$M = \frac{1}{6}\gamma_w H^3 = \frac{1}{6} \times 10\text{kN/m}^2 \times 1.6^3\text{m}^3 = 6.83\text{kN} \cdot \text{m}$$

$$V = \frac{1}{2}\gamma_w H^2 = \frac{1}{2} \times 10\text{kN/m}^2 \times 1.6^2\text{m}^2 = 12.8\text{kN}$$

（3）池壁受弯、受剪承载力。

截面抵抗矩 W 及内力臂 z 为

$$W = \frac{1}{6}bh^2 = \frac{1}{6} \times 1.0\text{m} \times (0.62\text{m})^2 = 0.064\text{m}^3$$

$$z = \frac{2}{3}h = \frac{2}{3} \times 0.62\text{m} = 0.413\text{m}$$

受弯承载力　　$Wf_{tm}=0.064m^3\times0.14MPa\times10^3=8.96kN\cdot m>M=6.83kN\cdot m$

受剪承载力　　$f_vbz=0.14MPa\times1.0m\times0.413m\times10^3=57.82kN>V=12.8kN$

故池壁受弯及受剪承载力均满足要求。

【例 4-7】 某砖砌涵洞支座截面长度 900mm，厚度 $h=370$mm，采用 MU10 烧结普通砖和 M7.5 水泥砂浆砌筑，支座截面承受剪力设计值 $V=48$kN，竖向永久荷载设计值 $N_s=145$kN（$\gamma_G=1.3$），试验算涵洞支座截面的受剪承载力。

解　（1）砌体强度。

查表 3-3 得 $f=1.69$MPa，查表 3-10 得 $f_v=0.14$MPa。

（2）支座截面尺寸 A 及 μ、α。

水平截面积 $A=0.9m\times0.37m=0.33m^2$

水平截面平均压应力

$$\sigma_0=\frac{N_s}{A}=\frac{145\times10^3N}{0.33\times10^6mm^2}=0.44MPa<0.8f=0.8\times1.69MPa=1.35MPa$$

$\gamma_G=1.3$ 时，$\mu=0.26-0.082\dfrac{\sigma_0}{f}=0.26-0.082\times\dfrac{0.44MPa}{1.69MPa}=0.24$

对于砖砌体，修正系数 $\alpha=0.64$。

（3）受剪承载力计算。

$$(f_v+\alpha\mu\sigma_0)\times A=(0.14MPa+0.64\times0.24\times0.44MPa)\times0.33m^2\times10^3$$
$$=67.1kN>V=48kN$$

故涵洞支座截面受剪承载力满足要求。

本章小结

（1）受压是砌体构件中的一种主要受力形式。《砌体规范》根据大量的试验研究结果，在综合考虑构件高厚比 β 和轴向力的偏心距 e 的影响后，给出了统一的受压构件承载力计算公式。计算高厚比 β 时，应考虑不同种类的块材砌体受压性能的差异，乘以高厚比修正系数 γ_β。

（2）单向偏心受压构件承载力计算时应注意：①对矩形截面构件，当轴向力偏心方向截面边长大于另一方向的边长时，除按偏心受压计算外，还应对较小边长方向按轴心受压进行验算；②为避免构件在使用期间产生较宽的裂缝和较大的侧向变形，《砌体规范》限制轴向力偏心距不应超过 $0.6y$，y 是截面重心到轴向力所在偏心方向截面边缘的距离。

（3）双向偏心受压的受力性能比单向偏心受压复杂。双向偏心受压构件在两个方向上的偏心率 e_b/b、e_h/h 大小及其相对关系的改变，对构件的破坏形态和承载力有明显影响。当两个方向偏心率均较大时，砌体内水平裂缝较竖向裂缝出现早，水平裂缝出现后，受压区面积减小，构件刚度降低，纵向弯曲的不利影响随之增大。因此，双向偏心受压构件的偏心距 e_b、e_h 分别不宜大于 $0.5x$ 和 $0.5y$，x 和 y 分别为截面重心沿 x 轴和 y 轴方向至轴向力偏心方向截面边缘的距离。

（4）砌体局部受压分为局部均匀受压和局部非均匀受压两种情况。局部受压可能发生三种破坏形态：①因竖向裂缝的发展而破坏，这种破坏为砌体局部受压破坏中的基本破坏形态；②劈裂破坏，当砌体截面积较大而局部受压面积很小时发生这种破坏形态，为脆性破坏，在设计中应避免；③局部压碎破坏。当砌体强度很低时发生这种破坏形态，一般通过限制砌体材料的最低强度等级避免此种破坏。

（5）砌体局部抗压强度较全截面抗压强度有所提高的原因主要有两点：①局部受压范围周围的砌体，对局部受压范围存在侧向约束作用，即受周围砌体的"套箍"作用，这种作用使其裂缝出现延迟并减小，增加了砌体局部受压承载力；②局部受压面上的压应力在向下传递过程当中逐渐扩散，也有利于砌体承载力的提高。局部抗压强度用局部抗压强度提高系数 γ 乘以砌体抗压强度 f 表示。为避免劈裂破坏，应限制局部抗压强度提高系数 $\gamma \leqslant \gamma_{max}$。

（6）梁端支承在砌体上时，由于梁的弯曲变形和支承处砌体的压缩变形，使梁端有翘起的趋势，计算梁端局部受压面积时，应按有效支承长度 a_0 计算。梁端下砌体局部受压承载力计算时，考虑可能存在内拱作用，梁端上部荷载应乘以折减系数 ψ。当梁端局部受压承载力不满足要求时，可采用在梁端设置混凝土刚性垫块或设置垫梁，以满足局部受压承载力要求。在梁端设置的刚性垫块可分为预制和现浇两种，预制垫块下的砌体局部承压可按不考虑纵向弯曲影响的偏心受压构件验算。设置现浇刚性垫块时，为简化计算，采用与预制垫块相同的方法验算垫块下砌体的局部受压承载力。垫梁下砌体的局部受压承载力，可将垫梁视为弹性地基梁，而将垫梁下墙体视为支承垫梁的弹性地基，按弹性力学理论计算。

（7）砌体受拉、受弯构件的承载力按材料力学公式进行计算，受剪构件（实为剪—压构件）承载力计算采用剪摩理论进行计算。

思 考 题

4-1 单向偏心受压构件，为什么要控制轴向力偏心距 e 不大于限值 $0.6y$？

4-2 简述双向偏心受压和单向偏心受压受力性能的异同点。

4-3 砌体局部受压可能发生哪几种破坏形态？设计中如何避免这些破坏形态发生？

4-4 为什么砌体在局部压力作用下的抗压强度可提高？

4-5 梁端支承在砌体上时，其有效支承长度如何计算？

4-6 梁端砌体局部受压承载力计算，为什么将上部荷载乘以折减系数 ψ？其大小与什么因素有关？

4-7 梁端砌体局部受压承载力不满足要求时，应采取什么措施？

4-8 梁端设垫的形式有几种？分别如何计算？

4-9 砌体受弯构件和受剪构件的受剪承载力计算有何不同？为什么？

习 题

4-1 某柱截面尺寸为 370mm×490mm，采用 MU10 烧结普通砖及 M5 混合砂浆砌筑，柱的计算高度 $H_0 = 3.6m$，柱底截面处承受的轴心压力设计值 $N = 110kN$，施工质量控制等级为 C 级。试验算柱的受压承载力。

4-2 某房屋中截面尺寸为 490mm×620mm 的柱，采用 MU15 烧结多孔砖及 M5 水泥砂浆砌筑，柱的计算高度 $H_0 = 5.0m$，柱顶承受的轴心压力设计值 $N = 160kN$，弯矩设计值 $M=$

20kN，M 作用于长边方向。试验算柱顶截面的受压承载力。

4-3　某单层仓库的窗间墙尺寸如图 4-19 所示，采用 MU15 烧结多孔砖和 M5 混合砂浆砌筑，柱的计算高度 $H_0 = 5.0$m。墙顶承受轴心压力设计值 $N = 195$kN，弯矩设计值 $M = 13$kN·m，偏心方向如图 4-19 所示。试验算墙顶截面承载力。

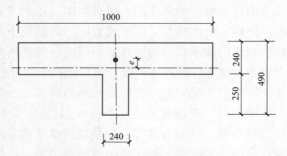

图 4-19　习题 4-3 窗间墙截面尺寸

4-4　某房屋外墙采用 MU10 混凝土小型空心砌块和 Mb5 混合砂浆砌筑，窗间墙的截面尺寸为 1200mm×190mm，其上支承的钢筋混凝土梁截面尺寸为 $b×h = 200$mm×400mm，梁的设计支承长度 $a = 190$mm。梁端局部压力设计值 $N_l = 58$kN，梁底面由上部荷载设计值产生的轴向力 $N_u = 255$kN。试验算梁端支承处砌体局部受压承载力。

4-5　某窗间墙如图 4-20 所示，窗间墙截面尺寸 1200mm×240mm，采用 MU10 烧结普通砖和 M2.5 混合砂浆砌筑，钢筋混凝土梁截面尺寸 $b×h = 250$mm×550mm，梁的设计支承长度 $a = 240$mm。梁端局部压力设计值 $N_l = 130$kN，梁底由上部荷载设计值产生的轴向力 $N_u = 45$kN。试验算梁端支承处砌体局部受压承载力。若不满足要求，设置刚性垫块，并进行验算。

4-6　某矩形浅水池的池壁底部厚 740mm，采用 MU15 烧结普通砖和 M7.5 水泥砂浆砌筑。池壁底部水平截面单位长度承受的弯矩设计值 $M = 9.6$kN·m/m、剪力设计值 $V = 16.8$kN/m。试验算池壁底部截面承载力是否满足要求。

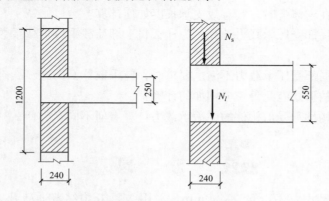

图 4-20　习题 4-5 窗间墙

4-7　某拱支座截面尺寸为 1000mm×370mm，采用 MU10 烧结普通砖和 M5 水泥砂浆砌筑。支座截面承受剪力设计值 $V = 33$kN，永久荷载产生的纵向力设计值 $N = 45$kN（$\gamma_G = 1.3$）。试验算拱支座截面的受剪承载力是否满足要求。

第5章 配筋砌体构件

教学目标

1. 知识目标

（1）熟悉网状配筋砖砌体构件的计算及构造；

（2）熟悉组合砖砌体构件的计算及构造；

（3）掌握砖砌体和钢筋混凝土构造柱组合墙的受力性能、计算及构造；

（4）掌握配筋砌块砌体构件的受力性能、计算及构造。

2. 能力目标

（1）能够进行配筋砌体构件的受力分析；

（2）能够进行配筋砌体构件的设计。

3. 素质目标

（1）通过对配筋砌体构件的学习，提升学生解决复杂问题的能力；

（2）通过对配筋砌块砌体的学习，使学生了解古老砌体结构一个新的发展方向，培养学生创新意识和创新思维。

配筋砌体是在砌体中配置钢筋的砌体，砌体中钢筋不但可以提高砌体的承载力，而且可以改善砌体脆性破坏性质，增强其抗震性能，更适合于中高层建筑，是现代砌体结构的发展方向之一。

5.1 网状配筋砖砌体构件

网状配筋砖砌体，是在砖砌体的水平灰缝中配置钢筋网的砖砌体。我国河北省唐山市在1976年7月28日发生了7.8级大地震，唐山市内砌体结构房屋几乎全部倒塌，24万余人死亡，43万余人受伤。此后，于20世纪80年代，我国土木工程研究学者加强了对砌体抗震性能的研究。网状配筋砖砌体施工方便，是我国湖南大学陈行之、施楚贤等学者最早开始研究的配筋砌体形式。砌体中的配筋形式有方格形和连弯形，如图5-1所示。如果所用的钢筋直径较细（3~5mm），可采用方格形钢筋网，见图5-1（b）；当钢筋直径大于5mm时，应采用连弯钢筋网，见图5-1（c）。两片连弯钢筋网交错放置于两相邻灰缝内，其作用相当于一片方格钢筋网，因此，连弯钢筋的间距 s_n 是指相邻同方向网片之间的距离。

5.1.1 受压性能

网状配筋砌体在受到轴向压力作用后，不但发生纵向压缩变形，同时也发生横向膨胀变形，由于摩擦力和砂浆的黏结力，使钢筋与砌体共同工作。钢筋能阻止砌体在纵向受压时的横向变形发展，当砌体出现竖向裂缝后，钢筋能起到横向拉结作用，从而使被纵向裂缝分割成的砌体小柱不至于过早失稳破坏，因而大大提高了砌体的承载力。

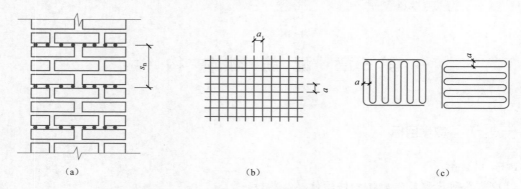

图 5-1　网状配筋砌体

(a) 网状配筋砖柱；(b) 方格形钢筋；(c) 连弯形钢筋

试验表明，网状配筋砖砌体在轴心压力作用下，从加荷至破坏，类似于无筋砖砌体，也可分为三个工作阶段，但其破坏特征与无筋砌体不同。在第一阶段，单砖出现裂缝的荷载约为破坏荷载的 60%～75%，较无筋砖砌体高；第二阶段，由于受到横向钢筋的约束，很少出现贯通的纵向裂缝；在第三阶段，当砖砌体接近破坏时，一般不会出现像无筋砖砌体那样被纵向裂缝分割成的若干小柱发生失稳破坏的现象，可能发生个别砖被完全压碎、脱落情况。砌体在受偏心压力作用时，随着轴向力偏心距的增大，钢筋网的加强作用逐渐减弱，此外在过于细长的受压构件中也会由于纵向弯曲产生附加偏心，使构件截面处在较大偏心的受力状态。

5.1.2　适用范围

网状配筋砖砌体的抗压强度较无筋砖砌体抗压强度高，故当砖砌体受压构件截面尺寸受到限制时，可采用网状配筋砖砌体。当网状配筋砖砌体的轴向力偏心距较大时，网状钢筋的作用减小，砌体承载力提高程度有限。因此，下列情况不宜采用网状配筋砖砌体：

（1）偏心距超过截面核心范围，对于矩形截面即 $e/h>0.17$ 时（e 为轴向力偏心距，h 为截面高度）。

（2）偏心距虽未超过截面核心范围，但构件高厚比 $\beta>16$。

5.1.3　承载力计算

网状配筋砖砌体受压构件承载力按下列公式计算

$$N \leqslant \varphi_n f_n A \tag{5-1}$$

$$\varphi_n = \frac{1}{1 + 12\left[\dfrac{e}{h} + \sqrt{\dfrac{1}{12}\left(\dfrac{1}{\varphi_{0n}} - 1\right)}\,\right]^2} \tag{5-2}$$

$$\varphi_{0n} = \frac{1}{1 + \dfrac{1+3\rho}{667}\beta^2} \tag{5-3}$$

$$f_n = f + 2\left(1 - \frac{2e}{y}\right)\frac{\rho}{100}f_y \tag{5-4}$$

式中　N——轴向压力设计值；

　　　φ_n——高厚比和配筋率以及轴向压力偏心距对网状配筋砖砌体受压构件承载力的影响系数，其值也可查表 5-1；

f_n——网状配筋砖砌体抗压强度设计值；

A——构件截面面积；

e——纵向力的偏心距；

h——偏心方向截面高度；

φ_{0n}——网状配筋砖砌体受压构件稳定系数；

β——构件高厚比；

f_y——钢筋网钢筋强度设计值，当 $f_y > 320\text{MPa}$ 时，取 $f_y = 320\text{MPa}$；

y——截面重心到轴向力所在偏心方向截面边缘的距离；

ρ——构件钢筋网体积配筋率。

$$\rho = V_s \times 100 / V$$

式中 V_s——钢筋网体积；

V——砌体体积。

当采用截面面积为 A_s 的方格网时

$$\rho = 2A_s \times 100 / (as_n)$$

式中 a——网格尺寸；

s_n——钢筋网的竖向间距，见图 5-1（a）。

表 5-1   影响系数 φ_n

ρ	β \ e/h	0	0.05	0.10	0.15	0.17
0.1	4	0.97	0.89	0.78	0.67	0.63
	6	0.93	0.84	0.73	0.62	0.58
	8	0.89	0.78	0.67	0.57	0.53
	10	0.84	0.72	0.62	0.52	0.48
	12	0.78	0.67	0.56	0.48	0.44
	14	0.72	0.61	0.52	0.44	0.41
	16	0.67	0.56	0.47	0.40	0.37
0.3	4	0.96	0.87	0.76	0.65	0.61
	6	0.91	0.80	0.69	0.59	0.55
	8	0.84	0.74	0.62	0.53	0.49
	10	0.78	0.67	0.56	0.47	0.44
	12	0.71	0.60	0.51	0.43	0.40
	14	0.64	0.54	0.46	0.38	0.36
	16	0.58	0.49	0.41	0.35	0.32
0.5	4	0.94	0.85	0.74	0.63	0.59
	6	0.88	0.77	0.66	0.56	0.52
	8	0.81	0.69	0.59	0.50	0.46
	10	0.73	0.62	0.52	0.44	0.41
	12	0.65	0.55	0.46	0.39	0.36
	14	0.58	0.49	0.41	0.35	0.32
	16	0.51	0.43	0.36	0.31	0.29
0.7	4	0.93	0.83	0.72	0.61	0.57
	6	0.86	0.75	0.63	0.53	0.50
	8	0.77	0.66	0.56	0.47	0.43

ρ	β＼e/h	0	0.05	0.10	0.15	0.17
0.7	10	0.68	0.58	0.49	0.41	0.38
	12	0.60	0.50	0.42	0.36	0.33
	14	0.52	0.44	0.37	0.31	0.30
	16	0.46	0.38	0.33	0.28	0.26
0.9	4	0.92	0.82	0.71	0.60	0.56
	6	0.83	0.72	0.61	0.52	0.48
	8	0.73	0.63	0.53	0.45	0.42
	10	0.64	0.54	0.46	0.38	0.36
	12	0.55	0.47	0.39	0.33	0.31
	14	0.48	0.40	0.34	0.29	0.27
	16	0.41	0.35	0.30	0.25	0.24
1.0	4	0.91	0.81	0.70	0.59	0.55
	6	0.82	0.71	0.60	0.51	0.47
	8	0.72	0.61	0.52	0.43	0.41
	10	0.62	0.53	0.44	0.37	0.35
	12	0.54	0.45	0.38	0.32	0.30
	14	0.46	0.39	0.33	0.28	0.26
	16	0.39	0.34	0.28	0.24	0.23

对于矩形截面构件，当轴向压力偏心方向的边长大于另一方向边长时，除按偏心受压计算受压承载力外，还应对较小边长方向按轴心受压进行承载力验算。

当网状配筋砌体构件与无筋砌体相交时，还应验算无筋砌体的局部受压承载力。

5.1.4　构造要求

网状配筋砖砌体除了要满足受压承载力要求外，还应满足以下几点构造要求：

（1）试验表明，钢筋网配置过少，将不能起到增强砌体强度的作用；但也不宜配置过多。因此，钢筋网配筋率不应少于 0.1%，也不应大于 1%。

（2）为保证钢筋与砂浆的黏结力，同时也避免钢筋锈蚀，钢筋网片中钢筋的间距不应小于 30mm，钢筋上下至少各有 2mm 厚的砂浆层。为避免灰缝过厚，当采用方格形钢筋网时，钢筋的直径宜采用 3～4mm；当采用连弯钢筋网时，钢筋的直径不应大于 8mm。

（3）为保证钢筋网的作用，钢筋网片中钢筋的间距不应大于 120mm（1/2 砖）；钢筋网沿竖向的间距，不应大于五皮砖，也不应大于 400mm。

（4）网状配筋砖砌体所用的砖，不应低于 MU10，砂浆不应低于 M5。

【例 5-1】　柱截面尺寸为 370mm×740mm，其计算高度为 5.1m，采用 MU10 烧结普通砖，M7.5 混合砂浆砌筑，承受轴心压力设计值 $N=450$kN，弯矩设计值 $M=31$kN·m，作用于截面长边方向。试验算柱的受压承载力。

解　（1）按无筋砌体验算。

$$\beta = \frac{H_0}{h} = \frac{5100\text{mm}}{740\text{mm}} = 6.89$$

$$e = \frac{M}{N} = \frac{31\text{kN·m}}{450\text{kN}} = 0.069\text{m} = 69\text{mm} < 0.6y = 0.6 \times 740\text{mm}/2 = 222\text{mm}$$

$$\frac{e}{h} = \frac{70\text{mm}}{740\text{mm}} = 0.093$$

查得 $\varphi = 0.745$，砌体抗压强度 $f = 1.69\text{MPa}$。

截面面积 $A = 370\text{mm} \times 740\text{mm} = 273800\text{mm}^2 = 0.274\text{m}^2 < 0.3\text{m}^2$，因此，要考虑强度调整系数 γ_a。

$$\gamma_a = 0.7 + A = 0.7 + 0.274 = 0.974, \quad \gamma_a f = 0.974 \times 1.69\text{MPa} = 1.646\text{MPa}$$

弯矩作用平面内受压承载力

$$\varphi f A = 0.745 \times 1.646\text{MPa} \times 0.274\text{m}^2 \times 10^3 = 336.0\text{kN} < N = 450\text{kN}$$

无筋砌体不满足受压承载力要求，拟采用网状配筋砌体。

（2）按网状配筋砖砌体计算。

因 $e = 69\text{mm} < 0.17h = 126\text{mm}$，$\beta = 6.89 < 16$，满足网状配筋砌体适用条件。

采用冷拔低碳钢丝 $\varphi^b 4$ 的方格钢筋网，$A_s = 12.6\text{mm}^2$，其抗拉强度设计值 $f_y = 430\text{MPa}$，设网片中钢筋间距为 $a = 60\text{mm}$，钢筋网片竖向间距 $s_n = 180\text{mm}$（3 皮砖）。

$$\rho = \frac{2A_s}{as_n} \times 100 = \frac{2 \times 12.6\text{mm}}{60\text{mm} \times 180\text{mm}} \times 100 = 0.233\%, \quad 0.1\% < \rho < 1\%$$

$f_y = 430\text{MPa} > 320\text{MPa}$，取 $f_y = 320\text{MPa}$，则

$$f_n = f + 2\left(1 - \frac{2e}{y}\right)\frac{\rho}{100}f_y$$

$$= 1.69\text{MPa} + 2\left(1 - \frac{2 \times 0.069\text{m}}{0.37\text{m}}\right)\frac{0.233}{100} \times 320\text{MPa} = 2.625\text{MPa}$$

对于配筋砌体，其砌体截面面积小于 0.2m^2 时，才考虑调整系数，因此，f_n 不必调整。

$$\varphi_{0n} = \frac{1}{1 + \frac{1 + 3\rho}{667}\beta^2} = \frac{1}{1 + \frac{1 + 3 \times 0.233}{667} \times 6.89^2} = 0.892$$

$$\varphi_n = \frac{1}{1 + 12\left[\frac{e}{h} + \sqrt{\frac{1}{12}\left(\frac{1}{\varphi_{0n}} - 1\right)}\right]^2} = \frac{1}{1 + 12\left[0.093 + \sqrt{\frac{1}{12}\left(\frac{1}{0.892} - 1\right)}\right]^2} = 0.690$$

$\varphi_n f A = 0.690 \times 2.625\text{MPa} \times 370\text{mm} \times 740\text{mm} = 495920\text{N} \approx 495.9\text{kN} > N = 450\text{kN}$

故弯矩作用平面受压承载力满足要求，还应沿截面短边方向按轴心受压进行验算。

$$f_n = f + 2\frac{\rho}{100}f_y = 1.69\text{MPa} + 2 \times \frac{0.233}{100} \times 320\text{MPa} = 3.181\text{MPa}$$

$$\beta = \frac{H_0}{b} = \frac{5100\text{mm}}{370\text{mm}} = 13.78$$

$$\varphi_{0n} = \frac{1}{1 + \frac{1 + 3\rho}{667}\beta^2} = \frac{1}{1 + \frac{1 + 3 \times 0.233}{667} \times 13.78^2} = 0.674$$

对于轴心受压，$\varphi_n = \varphi_{0n}$。

$\varphi_n f A = 0.674 \times 3.181\text{MPa} \times 370\text{mm} \times 740\text{mm} = 587026\text{N} \approx 587.0\text{kN} > N = 450\text{kN}$

故平面外受压承载力满足要求。

5.2 组合砖砌体构件

组合砖砌体是由砖砌体和钢筋混凝土面层或钢筋砂浆面层组成的砌体，见图 5-2。我国

对于组合砖砌体形式的研究也是始于 20 世纪 80 年代，该形式砌体不但能显著提高砌体的抗弯能力和延性，也能提高其受压承载力。组合砖砌体与钢筋混凝土构件相比具有相近的性能，在当时我国建筑钢材及水泥短缺的历史条件下，相比钢筋混凝土构件节约钢材和水泥的用量，但其施工程序较麻烦。

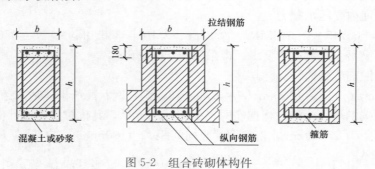

图 5-2　组合砖砌体构件

5.2.1　受压性能

组合砖砌体是由砖砌体、钢筋、混凝土或砂浆三种材料所组成。在轴心压力作用下，首批裂缝发生在砌体和混凝土或砂浆面层的连接处。当压力增大后，砖砌体产生竖向裂缝，但因为受到面层的约束，发展较缓慢。在轴心压力作用下，三种材料压缩变形相同，但每种材料达到其极限强度时的压应变并不相同，钢筋最小（$\varepsilon_y = 0.0011 \sim 0.0016$），混凝土其次（$\varepsilon_c = 0.0015 \sim 0.002$），砖砌体最大（$\varepsilon_c = 0.002 \sim 0.004$）。因此，组合砖砌体在轴心压力作用下，钢筋首先屈服，然后面层混凝土达到抗压强度，最后是砖被压碎。当面层采用砂浆时，由于砂浆强度变异性较大且受力不均匀，组合砌体破坏时，钢筋的强度往往不能充分发挥。

组合砖砌体构件在偏心受压时，其承载力和变形性能与钢筋混凝土构件相近。当达到极限荷载时，受压应力较大一侧的钢筋、混凝土或砂浆面层可以达到抗压强度，而另一侧钢筋仅当大偏心受压时，才能达到受拉屈服，小偏心受压时，未能达到受拉屈服。

5.2.2　适用范围

当无筋砌体受压构件的截面尺寸受到限制，或轴向压力偏心距 $e > 0.6y$ 时，宜采用组合砖砌体构件。

5.2.3　承载力计算

1. 轴心受压承载力计算

组合砖砌体轴心受压构件与无筋砌体一样，应考虑纵向弯曲的影响。其纵向弯曲的影响用稳定系数 φ_{com} 表示，其值应介于无筋砌体构件的稳定系数 φ_0 和钢筋混凝土构件的稳定系数 φ_{rc} 之间。试验表明，组合砖砌体轴心受压稳定系数主要与构件的高厚比和配筋率有关，其计算公式为

$$\varphi_{com} = \varphi_0 + 100\rho(\varphi_{rc} - \varphi_0) \leqslant \varphi_{rc} \tag{5-5}$$

式中　φ_{com}——组合砖砌体的稳定系数；

φ_0——无筋砖砌体的稳定系数；

ρ——组合砖砌体构件的配筋率，$\rho = A_s'/bh$，A_s' 为截面受压钢筋面积，b、h 分别为截面宽度和高度；

φ_{rc}——钢筋混凝土构件的稳定系数。

为方便计算，φ_{com} 可直接查表，见表 5-2。

表 5-2　　　　　　　　　　　组合砖砌体的稳定系数 φ_{com}

高厚比 β	配筋率 ρ（%）					
	0	0.2	0.4	0.6	0.8	≥1.0
8	0.91	0.93	0.95	0.97	0.99	1.00
10	0.87	0.90	0.92	0.94	0.96	0.98
12	0.82	0.85	0.88	0.91	0.93	0.95
14	0.77	0.80	0.83	0.86	0.89	0.92
16	0.72	0.75	0.78	0.81	0.84	0.87
18	0.67	0.70	0.73	0.76	0.78	0.81
20	0.62	0.65	0.68	0.71	0.73	0.75
22	0.58	0.61	0.64	0.66	0.68	0.70
24	0.54	0.57	0.59	0.61	0.63	0.65
26	0.50	0.52	0.54	0.56	0.58	0.60
28	0.46	0.48	0.50	0.52	0.54	0.56

组合砖砌体轴心受压构件的承载力计算公式为

$$N \leqslant \varphi_{com}(fA + f_cA_c + \eta_s f_y'A_s') \tag{5-6}$$

式中　A——砖砌体的截面面积；

f——砖砌体的抗压强度设计值；

f_c——混凝土或面层水泥砂浆的轴心抗压强度设计值，砂浆的轴心抗压强度设计值可取为同强度等级混凝土的轴心抗压强度设计值的 70%，砂浆为 M15 时取 5.0MPa，砂浆为 M10 时取 3.4MPa，砂浆为 M7.5 时取 2.5MPa；

A_c——混凝土或砂浆面层的截面面积；

η_s——受压钢筋的强度系数，混凝土面层时取为 1.0，砂浆面层时取 0.9；

f_y'——钢筋抗压强度设计值；

A_s'——受压钢筋的截面面积。

2. 偏心受压承载力

（1）偏心受压承载力基本公式。组合砖砌体偏心受压构件的承载力基本公式为

$$N \leqslant fA' + f_cA_c' + \eta_s f_y'A_s' - \sigma_s A_s \tag{5-7}$$

$$Ne_N \leqslant fS_s + f_cS_{c,s} + \eta_s f_y'A_s'(h_0 - a_s') \tag{5-8}$$

此时，受压区高度 x 可按下式计算确定

$$fS_N + f_cS_{c,N} + \eta_s f_y'A_s'e_N' - \sigma_s A_s e_N = 0 \tag{5-9}$$

$$e_N = e + e_a + \left(\frac{h}{2} - a_s\right) \tag{5-10}$$

$$e_N' = e + e_a - \left(\frac{h}{2} - a_s'\right) \tag{5-11}$$

$$e_a = \frac{\beta^2 h}{2200}(1 - 0.022\beta) \tag{5-12}$$

上式中　A'——砖砌体受压部分的面积；

A'_c——混凝土或砂浆面层受压部分的面积；

σ_s——钢筋 A_s 的应力；

A_s——距轴向力 N 较远一侧钢筋的截面面积；

A'_s——距轴向力 N 较近一侧钢筋的截面面积；

S_s——砖砌体受压部分的面积对钢筋 A_s 重心的面积矩；

$S_{c,s}$——混凝土或砂浆面层受压部分的面积对钢筋 A_s 重心的面积矩；

S_N——砖砌体受压部分的面积对轴向力 N 作用点的面积矩；

$S_{c,N}$——混凝土或砂浆面层受压部分的面积对轴向力 N 作用点的面积矩；

e_N、e'_N——钢筋 A_s 和 A'_s 重心至轴向力 N 作用点的距离，见图 5-3；

e——轴向力的初始偏心距，按荷载设计值计算，当 e 小于 $0.05h$ 时，应取 $e=0.05h$；

e_a——组合砖砌体构件在轴向力作用下的附加偏心距；

h_0——组合砖砌体构件截面的有效高度，取 $h_0=h-a_s$；

a_s、a'_s——钢筋 A_s 和 A'_s 重心至截面较近边的距离。

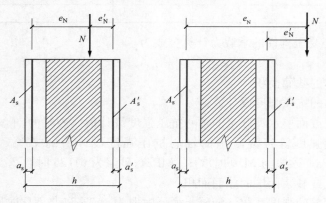

图 5-3　组合砖砌体偏心受压构件

（2）钢筋 A_s 的应力 σ_s。钢筋 A_s 的应力 σ_s 按下列公式计算：

1）小偏心受压时，$\xi>\xi_b$，σ_s 为

$$\sigma_s=650-800\xi \tag{5-13}$$

σ_s 应满足

$$-f'_y\leqslant\sigma_s<f_y \tag{5-14}$$

2）大偏心受压时，$\xi\leqslant\xi_b$，σ_s 为

$$\sigma_s=f_y \tag{5-15}$$

式中　ξ——组合砖砌体构件截面的相对受压区高度；

f_y——钢筋的抗拉强度设计值；

ξ_b——组合砖砌体构件受压区相对高度的界限值，HRB400 级钢筋取 0.36，HRB335 级钢筋取 0.44，HPB300 级钢筋取 0.47。

当组合砖砌体构件纵向力偏心方向的截面边长大于另一方向的边长时，也应对较小边长

方向按轴心受压构件进行验算。

5.2.4 构造要求

为满足承载力和耐久性要求，组合砖砌体构件尚应符合下列构造要求：

(1) 面层混凝土强度等级宜采用 C20，面层水泥砂浆强度等级不宜低于 M10，砌筑砂浆不宜低于 M7.5。

(2) 砂浆面层的厚度可采用 30～45mm。当面层厚度大于 45mm 时，其面层宜采用混凝土。

(3) 竖向受力钢筋宜采用 HPB300 级钢筋，对于混凝土面层，也可采用 HRB335 级钢筋。受压钢筋一侧的配筋率，砂浆面层、不宜小于 0.1%，混凝土面层、不宜小于 0.2%。受拉钢筋的配筋率，不应小于 0.1%。竖向受力钢筋的直径，不应小于 8mm。钢筋净距不应小于 30mm。

(4) 箍筋的直径，不宜小于 4mm 及 0.2 倍的受压钢筋直径，并不宜大于 6mm。箍筋间距，不应大于 20 倍受压钢筋的直径及 500mm，并不应小于 120mm。

(5) 当组合砖砌体构件一侧的竖向受力钢筋多于 4 根时，应设置附加箍筋或拉结钢筋。

(6) 对于截面长短边相差较大的构件（如墙体等），应采用穿通墙体的拉结钢筋作为箍筋，同时设置水平分布钢筋。水平分布钢筋的竖向间距及拉结钢筋的水平间距均不应大于500mm，见图 5-4。

(7) 组合砖砌体构件的顶部和底部，以及牛腿部位，必须设置钢筋混凝土垫块。竖向受力钢筋伸入垫块的长度，必须满足锚固要求。

【例 5-2】 截面为 370mm×490mm 的组合砖柱（见图 5-5），柱计算高度 $H_0=5.4$m，承受轴心压力设计值 $N=800$kN，组合砌体采用 MU10 烧结普通砖，M7.5 混合砂浆砌筑，混凝土面层采用 C20，钢筋为 HPB300 级。试验算柱的承载能力。

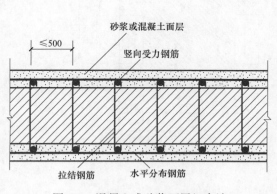

图 5-4 混凝土或砂浆面层组合墙

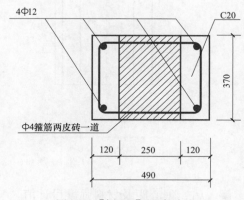

图 5-5 [例 5-2] 组合砖柱

解 (1) 砖砌体截面面积及强度设计值。

$$A = 250\text{mm} \times 370\text{mm} = 92500\text{mm}^2 = 0.093\text{m}^2 < 0.2\text{m}^2$$

$$f = 1.69\text{MPa}$$

与网状配筋砌体一样，对于截面积 $A<0.2$m² 的组合砌体应考虑强度调整系数 γ_a。

$$\gamma_a = 0.8 + 0.093 = 0.893$$

$$\gamma_a f = 0.893 \times 1.69\text{MPa} = 1.51\text{MPa}$$

（2）混凝土面层截面面积及材料强度设计值。

$$A_c = 2 \times 120\text{mm} \times 370\text{mm} = 88800\text{mm}^2$$

$$f_c = 9.6\text{MPa}, \quad f_y = f'_y = 270\text{MPa}$$

（3）截面配筋率、高厚比及稳定系数。

$$\rho = \frac{A'_s}{bh} = \frac{452\text{mm}}{490\text{mm} \times 370\text{mm}} = 0.249\%$$

$$\beta = \frac{H_0}{b} = \frac{5400\text{mm}}{370\text{mm}} = 14.6$$

查表 5-2 得 $\varphi_{com} = 0.792$。

（4）构件承载力。

对于混凝土面层 $\eta_s = 1.0$，则

$$\varphi_{com}(fA + f_c A_c + \eta_s f'_y A'_s)$$

$$= 0.792 \times (1.51\text{MPa} \times 92500\text{mm}^2 + 9.6\text{MPa} \times 88800\text{mm}^2 + 1.0 \times 270\text{MPa} \times 452\text{mm}^2)$$

$$= 882442\text{N} \approx 882\text{kN} > 800\text{kN}$$

故柱的受压承载力满足要求。

【例 5-3】 某混凝土面层组合柱，截面尺寸为 490mm×740mm，柱计算高度 $H_0 = 7.4$m。承受轴心压力设计值 $N = 400$kN，在长边方向作用的弯矩设计值 $M = 200$kN·m，采用 MU10 烧结普通砖、M7.5 混合砂浆砌筑，面层混凝土采用 C20，尺寸如图 5-6 所示，钢筋用 HPB300 级，对称布置。试求柱的配筋 A_s 及 A'_s。

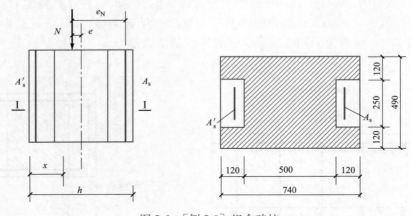

图 5-6 ［例 5-3］组合砖柱

解 （1）偏心距及材料强度设计值。

初始偏心距

$$e = \frac{M}{N} = \frac{200\text{kN·m}}{400\text{kN}} = 0.5\text{m}$$

高厚比

$$\beta = \frac{H_0}{h} = \frac{7400\text{mm}}{740\text{mm}} = 10$$

附加偏心距

$$e_a = \frac{\beta^2 h}{2200}(1-0.022\beta) = \frac{10^2 \times 740\text{mm}}{2200}(1-0.022 \times 10) = 26\text{mm}$$

$$a_s = a'_s = 40\text{mm}$$

$$e_N = e + e_a + \left(\frac{h}{2} - a_s\right) = 500\text{mm} + 26\text{mm} + \left(\frac{740\text{mm}}{2} - 40\text{mm}\right) = 856\text{mm}$$

查得砌体、混凝土、钢筋强度设计值为

$$f = 1.69\text{MPa},\ f_c = 9.6\text{MPa},\ f_y = 270\text{MPa}$$

砌体截面面积

$$A = 0.74\text{m} \times 0.49\text{m} - 0.12\text{m} \times 0.25\text{m} \times 2 = 0.3\text{m}^2 > 0.2\text{m}^2$$

故砌体强度设计值不需要调整。

（2）受压区高度计算。

假定为大偏心受压，$\sigma_s = f'_y$，且受压区高度 $x > 120\text{mm}$。由式（5-7）可得

$$N \leqslant fA' + f_c A'_c$$

$$400 \times 10^3 = 1.69\text{MPa} \times (490\text{mm} \cdot x - 250 \times 120) + 9.6\text{MPa} \times 120\text{mm} \times 250\text{mm}$$

$$x = 196.5\text{mm} > 120\text{mm}$$

故与假设相符。

$$\xi = \frac{x}{h_0} = \frac{196.5\text{mm}}{740\text{mm} - 40\text{mm}} = 0.281 < \xi_b = 0.47$$

构件为大偏心受压，与假设一致。

（3）柱的配筋计算。

求式（5-8）中各项值。

$$fS_s = 1.69\text{MPa} \times 490\text{mm} \times (196.5\text{mm} - 120\text{mm})$$

$$\times \left(740\text{mm} - 40\text{mm} - 120\text{mm} - \frac{196.5\text{mm} - 120\text{mm}}{2}\right)$$

$$+ 1.69\text{MPa} \times 2 \times 120\text{mm} \times 120\text{mm} \times \left(740\text{mm} - 40\text{mm} - \frac{120\text{mm}}{2}\right)$$

$$= 6.55 \times 10^7 \text{N} \cdot \text{mm}$$

$$f_c S_{c,s} = 9.6\text{MPa} \times 120\text{mm} \times 250\text{mm} \times \left(740\text{mm} - 40\text{mm} - \frac{120\text{mm}}{2}\right)$$

$$= 1.84 \times 10^8 \text{N} \cdot \text{mm}$$

$$\eta_s f'_y A'_s (h_0 - a'_s) = 1.0 \times 270\text{MPa} \cdot A'_s \times (740\text{mm} - 40\text{mm} - 40\text{mm})$$

$$= 1.78 A'_s \times 10^5 \text{N/mm}$$

$$Ne_N = 400 \times 10^3 \text{N} \times 856\text{mm} = 3.42 \times 10^8 \text{N} \cdot \text{mm}$$

将上述数值代入式（5-8）

$$Ne_N \leqslant fS_s + f_c S_{c,s} + \eta_s f'_y A'_s (h_0 - a'_s)$$

$$3.42 \times 10^8 \text{N} \cdot \text{mm} \leqslant 6.55 \times 10^7 \text{N} \cdot \text{mm} + 1.84 \times 10^8 \text{N} \cdot \text{mm} + 1.78 A'_s \times 10^5 \text{N/mm}$$

$$A'_s = \frac{3.42 \times 10^8 \text{N} \cdot \text{mm} - 6.55 \times 10^7 \text{N} \cdot \text{mm} - 1.84 \times 10^8 \text{N} \cdot \text{mm}}{1.78 \times 10^5 \text{N/mm}} = 520\text{mm}^2$$

选用 3 Φ 18 钢筋，实际钢筋面积 763mm²。

每侧钢筋配筋率

$$\rho = \frac{763 \text{mm}^2}{490 \text{mm} \times 740 \text{mm}} = 0.21\% > 0.2\%$$

5.3 砖砌体和钢筋混凝土构造柱组合墙

砖砌体和钢筋混凝土构造柱组合墙是在砖砌体的转角、交接处以及每隔一定距离设置钢筋混凝土构造柱的砌体。图 5-7 所示为在砖墙体中隔一定距离设置构造柱的组合墙。其做法也是在 20 世纪 80 年代开始为加强砌体结构的抗震性能采取的构造措施，21 世纪初随着施楚贤等学者的深入研究，分析了构造柱在砌体当中的作用，形成了目前《砌体结构设计规范》（GB 50003—2011）的设计计算方法。

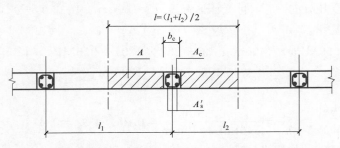

图 5-7 砖砌体和钢筋混凝土构造柱组合墙

5.3.1 受压性能

砖砌体和钢筋混凝土构造柱组合墙在竖向压力作用下，由于构造柱和砖砌体墙的刚度不同，砖砌体和钢筋混凝土构造柱之间将发生内力重分布，砖砌体承担的荷载减少，而构造柱承担的荷载增加。此外，构造柱和圈梁组成的构造框架约束了砖砌体的横向和纵向变形，不但使墙的开裂荷载和极限承载力提高，而且加强了墙体的整体性，提高了墙体的延性，增强了墙体抵抗侧向地震作用的能力。

在影响砖砌体和钢筋混凝土构造柱组合墙承载力的因素中，构造柱的间距是重要的因素，承载力随构造柱的间距减小而增大。理论分析和试验表明：位于中间的构造柱，对柱每侧砌体的影响长度约为 1.2m；位于墙体端部的构造柱，处于偏心受压状态，对柱侧砌体的影响长度约为 1m。当构造柱间距在 2m 左右时，柱的作用得到较好的发挥；当为 4m 时，对墙体受压承载力影响很小。

5.3.2 适用范围

砖砌体和钢筋混凝土构造柱组合墙一般应用于无筋墙体竖向承载力不足或对于墙体的整体性、延性要求较高的情况。

5.3.3 轴心受压承载力计算

砖砌体和钢筋混凝土构造柱组合墙与组合砖砌体构件有相似之处，故可采用组合砖砌体轴心受压构件的计算公式，但引入强度系数 η 来反映两者的差别。

砖砌体和钢筋混凝土构造柱组合墙的轴心受压承载力计算公式为

$$N \leqslant \varphi_{\text{com}}[fA + \eta(f_c A_c + f_y' A_s')] \tag{5-16}$$

$$\eta = \left(\frac{1}{l/b_c - 3}\right)^{1/4} \tag{5-17}$$

式中　φ_{com}——组合墙的稳定系数，可按组合砖砌体的稳定系数采用；

　　　η——强度系数，当 $l/b_c < 4$ 时，取 $l/b_c = 4$；

　　　l——沿墙长方向构造柱的间距；

　　　b_c——沿墙长方向构造柱的宽度；

　　　A——扣除孔洞和构造柱的砖砌体截面面积；

　　　A_c——构造柱截面面积。

砖砌体和钢筋混凝土构造柱组合墙平面外受压承载力，可按 5.2 节组合砖砌体构件进行计算，但截面宽度应改为构造柱间距 l；大偏心受压时，可不计受压区构造柱混凝土和钢筋的作用。

5.3.4　构造要求

砖砌体和构造柱组合墙的材料和构造应符合下列规定：

（1）砂浆的强度等级不应低于 M5，构造柱的混凝土强度等级不宜低于 C20。

（2）构造柱的截面尺寸不宜小于 240mm×240mm，其厚度不应小于墙厚，边柱、角柱的截面宽度宜适当加大。柱内竖向受力钢筋，对于中柱，钢筋数量不宜少于 4 根、直径不宜小于 12mm；对于边柱、角柱，钢筋数量不宜少于 4 根、直径不宜小于 14mm。构造柱的竖向受力钢筋的直径也不宜大于 16mm。其箍筋，一般部位宜采用 $\phi6$、间距 200mm，楼层上下 500mm 范围内宜采用 $\phi6$、间距 100mm。构造柱的竖向受力钢筋应在基础梁和楼层圈梁中锚固，并应符合受拉钢筋的锚固要求。

（3）组合砖墙砌体结构房屋，应在纵横墙交接处、墙端部和较大洞口的洞边设置构造柱，其间距不宜大于 4m。各层洞口宜设置在相应位置，并上下对齐。

（4）组合砖墙砌体结构房屋应在基础顶面、有组合墙的楼层处设置现浇钢筋混凝土圈梁。圈梁的截面高度不宜小于 240mm；纵向钢筋数量不宜少于 4 根、直径不宜小于 12mm，纵向钢筋应伸入构造柱内，并应符合受拉钢筋的锚固要求；圈梁的箍筋宜采用 $\phi6$、间距 200mm。

（5）砖砌体与构造柱的连接处应砌成马牙槎，并应沿墙高每隔 500mm 设 2ϕ6 拉结钢筋，且每边伸入墙内不宜小于 600mm。

（6）构造柱可不单独设置基础，但应伸入室外地坪下 500mm，或与埋深小于 500mm 的基础梁相连。

（7）组合砖墙的施工顺序应为先砌墙后浇混凝土构造柱。

【例 5-4】　砖砌体和钢筋混凝土构造柱组合墙，构造柱尺寸为 240mm×240mm，间距 3m，混凝土 C20，配 4ϕ12 钢筋。墙厚 240mm，墙体计算高度 $H_0 = 3.3m$，采用 MU15 烧结普通砖、M7.5 混合砂浆砌筑，承受均布荷载设计值 $q = 400kN/m$。试验算组合墙的受压承载力。

解　取 3m 长墙段按轴心受压组合墙计算。

（1）构件几何参数和材料强度设计值。

构造柱面积 $A_c = 240mm×240mm = 57600mm^2$

混凝土、钢筋强度设计值及钢筋截面面积 $f_c = 9.6MPa$，$f_y' = 270MPa$；4ϕ12，$A_s = 452mm^2$。

砖墙净截面积 A＝(3000mm－240mm)×240mm＝662400mm^2＝0.66m^2＞0.2m^2

砌体强度 f＝2.07MPa

（2）稳定系数。

砌体配筋率
$$\rho = \frac{452mm \times 100}{240mm \times 3000mm} = 0.063\%$$

墙体的高厚比
$$\beta = \frac{3300mm}{240} = 13.75$$

查表 5-2 得稳定系数
$$\varphi_{com} = 0.785$$

（3）构件承载力。

$$l=3m, \frac{l}{b_c}=3000mm/240mm=12.5>4$$

$$\eta = \left(\frac{1}{l/b_c-3}\right)^{\frac{1}{4}} = \left(\frac{1}{3000mm/240mm-3}\right)^{\frac{1}{4}} = 0.57$$

3m 长墙段轴心压力设计值

$N = 400kN/m \times 3m = 1200kN$

$\varphi_{com}[fA + \eta(f_cA_c + f_y'A_s')]$
$= 0.785 \times [2.07MPa \times 662400mm^2 + 0.57 \times (9.6MPa \times 57600mm^2 + 270MPa \times 452mm^2)]$
$= 1.378 \times 10^6 N = 1378kN > 1200kN$

故组合墙受压承载力满足要求。

5.4 配筋砌块砌体构件

配筋砌块砌体是在混凝土空心砌块砌体的水平灰缝中配置水平钢筋，在孔洞中配置竖向钢筋并用混凝土灌实的一种配筋砌体。

1933 年美国加利福尼亚长滩大地震中，空心砌块房屋破坏受损严重，在震害调查总结的基础上，提出了在混凝土空心砌块墙体内加设芯柱，并设置水平及竖向钢筋的做法。20 世纪 60 年代之后，美国和欧洲采用配筋砌块砌体结构的高层建筑越来越普遍。1971 年美国在加里福尼亚州（地震区）建造了一幢 13 层的旅馆，经受了 6.6 级地震的考验，20 世纪 90 年代美国在拉斯维加斯建造了 28 层旅馆，经受了 7 级以上的地震考验。

我国是在 1957 年开始应用混凝土砌块，到 20 世纪 80 年代初，广西建研院等单位开始对配筋混凝土小砌块高层建筑进行了试验研究，虽然我国的配筋砌体结构研究起步较晚，但作为砌体结构应用广泛的大国，1981 年被推选为国际标准化协会砌体结构委员会（ISO/TC179）SC2 秘书国，负责制定配筋砌体结构国际规范。自此，各科研院校开始对此结构形式进行了大量的试验研究与理论分析，并取得丰硕成果。1983 年和 1986 年在国内首次建成了 10 层、11 层的小砌块试点建筑。20 世纪 90 年代初，同济大学、上海建筑科学研究院、湖南大学、哈尔滨建筑大学等单位对配筋砌体进行了深入研究。1998 年，在上海建造了我国第 1 幢用混凝土空心砌块配筋砌体技术建造的 18 层住宅试验楼。2000 年，由我国主编的国际标准 ISO 9652—3《Code of practice for design of reinforced masonry》《配筋砌体结构设计规范》正式发布。它集中反映当代配筋砌体的设计和施工技术原则，对在世界范围内推广应用这种新型结构体系具有重要意义。之后我国相继在多地建造了配筋砌体建筑，我国的配筋砌体建筑进入快速发展时期。

5.4.1　受压性能

试验结果表明，轴心受压配筋砌块砌体的受力特点和破坏形态与普通混凝土轴心受压构件类似，但注芯孔中纵向钢筋的受力情况会受到施工因素的影响。偏心受压配筋砌块砌体的正截面受力性能和破坏形态与一般钢筋混凝土偏心受压构件类似，其破坏形态可分为大偏心受压破坏和小偏心受压破坏，两种破坏形态可根据截面相对受压区高度大小判别：$\xi \leqslant \xi_b$ 时，为大偏心受压；$\xi > \xi_b$ 时，为小偏心受压。由于灌孔混凝土强度较高，砂浆强度对墙体受剪承载力的影响较小，因此，偏心受压配筋砌块砌体的斜截面受力性能和破坏形态与一般钢筋混凝土偏心受压构件也类似。

5.4.2　适用范围

配筋砌块砌体具有较高的承载力、较好的延性，其受力性能与现浇混凝土构件相似。配筋砌块砌体墙体具有较好的抗震性能，与现浇混凝土剪力墙结构相比，施工时不需要支模，施工速度快，整体施工周期短，而且混凝土砌块在砌筑前，有规定的停放时间，混凝土的收缩变形已完成约 40%，不需要为防止收缩裂缝方面配置过多的构造钢筋，因此，其经济性较好，其综合土建成本较现浇混凝土剪力墙低 25% 左右。近年来配筋砌块砌体的优势已逐渐被认识，在多高层建筑当中应用越来越广泛。

5.4.3　正截面受压承载力计算

1. 基本假定

（1）截面应变分布保持平面。

（2）竖向钢筋与其毗邻的砌体、灌孔混凝土的应变相同。

（3）不考虑砌体、灌孔混凝土的抗拉强度。

（4）根据材料选择砌体、灌孔混凝土的极限压应变，轴心受压时的极限压应变不应大于 0.002，偏心受压时的极限压应变不应大于 0.003。

（5）根据材料选择钢筋的极限压应变，且不应大于 0.01。

（6）大偏心受压时受拉钢筋考虑在 $(h_0 - 1.5x)$ 范围内屈服并参与工作。

2. 轴心受压构件正截面承载力计算

轴心受压配筋砌块砌体，当配有箍筋和水平分布钢筋时，其正截面受压承载力按下列公式计算

$$N \leqslant \varphi_{0g}(f_g A + 0.8 f'_y A'_s) \tag{5-18}$$

$$\varphi_{0g} = \frac{1}{1 + 0.001\beta^2} \tag{5-19}$$

式中　N——轴心压力设计值；

　　φ_{0g}——轴心受压构件的稳定系数；

　　f_g——灌孔混凝土的抗压强度设计值，按式（3-9）计算；

　　f'_y——钢筋的抗压强度设计值；

　　A——构件的截面面积；

　　A'_s——全部竖向钢筋的截面面积；

　　β——构件的高厚比，计算高度 H_0 可取层高。

当砌块砌体构件无箍筋或水平分布钢筋时，其轴心受压承载力仍可按式（5-18）计算，但应取 $f'_y A'_s = 0$；对配筋砌块剪力墙，当竖向钢筋仅配置在中间时，其平面外偏心受压承载力可按无筋砌体受压构件计算，但应采用灌孔砌体抗压强度设计值。

3. 偏心受压构件正截面承载力计算

（1）偏心受压构件相对界限受压区高度 ξ_b。偏心受压构件相对界限受压区高度应按下式计算

$$\xi_b = \frac{0.8}{1 + \dfrac{f_y}{0.003E_s}} \tag{5-20}$$

式中　ξ_b——相对界限受压区高度；

f_y——钢筋的抗拉强度设计值；

E_s——钢筋的弹性模量。

由式（5-20）可算得矩形截面界限受压区高度 ξ_b：HPB300 级钢筋，$\xi_b = 0.57$；HRB335 级钢筋，$\xi_b = 0.55$；HRB400 级钢筋，$\xi_b = 0.52$。

（2）矩形截面大偏心受压构件正截面承载力计算。矩形截面大偏心受压构件正截面承载力计算简图如图 5-8（a）所示，其正截面承载力计算公式为

$$N \leqslant f_g bx + f'_y A'_s - f_y A_s - \sum f_{si} A_{si} \tag{5-21}$$

$$Ne_N = f_g bx(h_0 - x/2) + f'_y A'_s(h_0 - a'_s) - \sum f_{si} S_{si} \tag{5-22}$$

式中　N——轴向力设计值；

f_g——灌孔砌体的抗压强度设计值；

b——截面宽度；

x——截面受压区高度；

f_y、f'_y——竖向受拉、受压主筋的强度设计值；

A_s、A'_s——竖向受拉、受压主筋的截面面积；

A_{si}——单根竖向分布钢筋的截面面积；

f_{si}——第 i 根竖向分布钢筋的抗拉强度设计值；

S_{si}——第 i 根竖向分布钢筋对竖向受拉主筋的面积矩；

e_N——轴向力作用点到竖向受拉主筋合力点之间的距离，按式（5-10）计算；

a_s——受拉区纵向钢筋合力点至截面受拉区边缘的距离；

a'_s——受压区纵向钢筋合力点至截面受压区边缘的距离。

当大偏心受压构件计算的受压区高度 $x < 2a'_s$ 时，受压区钢筋达不到钢筋抗压强度设计值，此时可近似按下式计算正截面承载力

$$Ne'_N \leqslant f_y A_s(h_0 - a'_s) \tag{5-23}$$

式中　e'_N——轴向力作用点至竖向受压主筋合力点之间的距离，按式（5-11）计算。

（3）矩形截面小偏心受压构件正截面承载力计算。矩形截面小偏心受压构件正截面承载力计算简图如图 5-8（b）所示，计算中不考虑竖向分布钢筋的作用，其承载力计算公式为

$$N \leqslant f_g bx + f'_y A'_s - \sigma_s A_s \tag{5-24}$$

$$Ne_N = f_g bx(h_0 - x/2) + f'_y A'_s(h_0 - a'_s) \tag{5-25}$$

$$\sigma_s = \frac{f_y}{\xi_b - 0.8}\left(\frac{x}{h_0} - 0.8\right) \tag{5-26}$$

式中 σ_s——小偏心受压时 A_s 的应力。

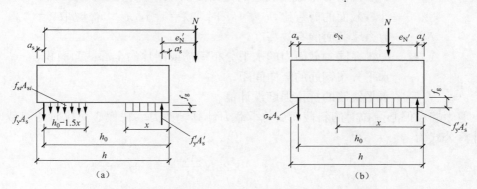

图 5-8 矩形截面偏心受压构件正截面承载力计算简图

(a) 大偏心受压；(b) 小偏心受压

当受压区竖向受压主筋无箍筋或无水平钢筋约束时，可不考虑竖向受力主筋的作用，取 $f_y' A_s' = 0$。

矩形截面对称配筋砌块砌体小偏心受压构件，可近似按下列计算公式计算钢筋截面积

$$A_s = A_s' = \frac{Ne_N - \xi(1 - 0.5\xi)f_g bh_0^2}{f_y'(h_0 - a_s')} \tag{5-27}$$

$$\xi = \frac{x}{h_0} = \frac{N - \xi_b f_g bh_0}{\dfrac{Ne_N - 0.43 f_g bh_0^2}{(0.8 - \xi_b)(h_0 - a_s')} + f_g bh} + \xi_b \tag{5-28}$$

关于 T 形、L 形、工型截面偏心受压构件正截面承载力计算，在此不再赘述。

5.4.4 斜截面受剪承载力计算

1. 配筋砌块砌体剪力墙受剪承载力计算

（1）截面尺寸限制。偏心受压和偏心受拉配筋砌块砌体剪力墙，截面尺寸应满足下列要求

$$V \leqslant 0.25 f_g bh_0 \tag{5-29}$$

式中 V——剪力墙的剪力设计值；

b——剪力墙截面宽度或 T 形、倒 L 形截面腹板宽度；

h_0——剪力墙截面的有效高度。

（2）剪力墙在偏心受压时的斜截面受剪承载力计算。剪力墙在偏心受压时的斜截面受剪承载力计算按下列公式计算

$$V \leqslant \frac{1}{\lambda - 0.5}\left(0.6 f_{vg} bh_0 + 0.12 N\frac{A_W}{A}\right) + 0.9 f_{yh}\frac{A_{sh}}{s}h_0 \tag{5-30}$$

$$\lambda = \frac{M}{Vh_0}$$

式中 M、N、V——计算截面的弯矩、轴向压力和剪力设计值，当轴向压力过大时，对斜截面承载力有不利影响，因此，当 $N > 0.25 f_g bh$ 时，取 $N = 0.25 f_g bh$；

f_{vg}——灌孔砌体的抗剪强度设计值，应按式（3-10）计算；

A——剪力墙的截面面积，其中翼缘的有效面积，可按表 5-3 确定；

A_w——T 形或倒 L 形截面腹板的截面面积，对于矩形截面取 $A_w=A$；

λ——计算截面的剪跨比，$\lambda<1.5$ 时取 $\lambda=1.5$，$\lambda\geqslant2.2$ 时取 $\lambda=2.2$；

h_0——剪力墙截面的有效高度；

A_{sh}——配置在同一截面内的水平分布钢筋或网片的全部截面面积；

s——水平分布钢筋的竖向间距；

f_{yh}——水平钢筋的抗拉强度设计值。

（3）剪力墙在偏心受拉时的斜截面受剪承载力计算。剪力墙在偏心受拉时的斜截面受剪承载力计算公式为

$$V\leqslant\frac{1}{\lambda-0.5}\left(0.6f_{vg}bh_0-0.22N\frac{A_w}{A}\right)+0.9f_{yh}\frac{A_{sh}}{s}h_0 \tag{5-31}$$

式中　N——计算截面轴向拉力设计值。

表 5-3　　　　　　　　T 形、L 形、I 形截面偏心受压构件翼缘计算宽度 b_f'

考虑情况	T、I 形截面	L 形截面
按构件计算高度 H_0 考虑	$H_0/3$	$H_0/6$
按腹板间距 L 考虑	L	$L/2$
按翼缘厚度 h_f' 考虑	$b+12h_f'$	$b+6h_f'$
按翼缘的实际宽度 b_f' 考虑	b_f'	b_f'

2. 配筋砌块砌体剪力墙连梁受剪承载力计算

配筋混凝土砌块砌体剪力墙中，可采用钢筋混凝土连梁，也可以采用配筋混凝土砌块砌体连梁。当采用钢筋混凝土连梁时，连梁的正截面和斜截面承载力应按《混凝土结构设计规范》（GB 50010—2010）的有关规定进行计算。当连梁采用配筋砌块砌体时，连梁的正截面受弯承载力按《混凝土结构设计规范》（GB 50010—2010）受弯构件的有关规定进行计算，但应采用配筋砌块砌体相应的计算参数和指标，连梁的斜截面受剪承载力应符合下列规定：

（1）连梁的截面应满足

$$V\leqslant0.25f_gbh \tag{5-32}$$

（2）连梁的斜截面受剪承载力计算公式为

$$V_b\leqslant0.8f_{vg}bh_0+f_{yv}\frac{A_{sv}}{s}h_0 \tag{5-33}$$

式中　V_b——连梁的剪力设计值；

b——连梁的截面宽度；

h_0——连梁的截面有效高度；

A_{sv}——配置在同一截面内箍筋各肢的全部截面面积；

f_{yv}——箍筋的抗拉强度设计值；

s——沿构件长度方向箍筋的间距。

5.4.5　构造要求

1. 构件尺寸的规定

（1）配筋砌块砌体剪力墙厚度、连梁截面宽度不应小于 190mm。

（2）按壁式框架设计的配筋砌块窗间墙的墙宽不应小于 800mm，墙净高与墙宽之比不宜大于 5。

（3）配筋砌块砌体柱截面边长不宜小于 400mm，柱高度与截面短边之比不宜大于 30。

2. 钢筋一般构造要求

（1）钢筋的直径、间距及数量。

1）钢筋的直径不宜大于 25mm，当设置在灰缝中时，钢筋直径不宜大于灰缝厚度的 1/2，但不应小于 4mm，其他部位不应小于 10mm。

2）两平行的水平钢筋间的净距不应小于 50mm，柱和壁柱中的竖向钢筋的净距不宜小于 40mm（包括接头处钢筋间的净距）。

3）配置在孔洞或空腔中的钢筋面积不应大于孔洞或空腔面积的 6%。

（2）钢筋在灌孔混凝土中的锚固。

1）当计算中充分利用竖向受拉钢筋强度时，其锚固长度 l_a 为：对 HRB335 级钢筋，不宜小于 30d（d 为钢筋的直径）；对 HRB400 和 RRB400 级钢筋，不宜小于 35d。在任何情况下，钢筋（包括钢筋网片）锚固长度都不应小于 300mm。

2）竖向受拉钢筋不宜在受拉区截断。如必须截断时，应延伸至按正截面受弯承载力计算不需要该钢筋的截面以外，延伸的长度应不小于 20d。

3）竖向受压钢筋在跨中截断时，必须伸至按计算不需要该钢筋的截面以外，延伸的长度应不小于 20d；对绑扎骨架中末端无弯钩的钢筋，不应小于 25d。

4）钢筋骨架中的受力光面钢筋，应在钢筋末端作弯钩。在焊接骨架、焊接网以及轴心受压构件中，可不作弯钩；绑扎骨架中的受力变形钢筋，在钢筋的末端可不作弯钩。

（3）钢筋的接头位置及搭接长度。钢筋的接头位置宜设置在受力较小处，受拉钢筋的接搭接头长度不应小于 $1.1l_a$，受压钢筋的搭接接头长度不应小于 $0.7l_a$，且不应小于 300mm。当相邻接头钢筋的接头不大于 75mm 时，其搭接接头长度应为 $1.2l_a$；当钢筋间的接头错开 20d 时，搭接长度可不增加。

（4）水平受力钢筋（网片）的锚固和搭接长度。

1）在凹槽砌块混凝土带中，钢筋的锚固长度不宜小于 30d，且其水平或垂直弯折段的长度不宜小于 15d 和 200mm；钢筋的搭接长度不宜小于 35d。

2）在砌体水平灰缝中，钢筋的锚固长度不宜小于 50d，且其水平或垂直弯折段的长度不宜小于 20d 和 250mm；钢筋的搭接长度不宜小于 55d。

3）在隔皮或错缝搭接的灰缝中钢筋的锚固长度为 $55d+2h$，d 为灰缝受力钢筋的直径，h 为水平灰缝的间距。

3. 抗震墙构造规定

（1）配筋砌块砌体抗震墙应全部用灌孔混凝土灌实。

（2）配筋砌块砌体抗震墙的水平钢筋应配置在系梁中，同层配置 2 根钢筋，且钢筋直径不应小于 8mm，钢筋净距不应小于 60mm；竖向钢筋应配置在砌块孔洞内，在 190mm 墙厚情况下，同一孔内应配置 1 根，钢筋直径不应小于 10mm。

（3）配筋砌块砌体抗震墙的配筋构造应符合下列规定：

1）应在墙的转角、端部和孔洞的两侧配置竖向连续的钢筋，钢筋直径不应小于 12mm。

2）应在洞口的底部和顶部设置不小于 2Φ10 水平钢筋，其伸入墙内的长度不应小于

40*d* 和 600mm。

3）应在楼（屋）盖的所有纵横墙处设置现浇钢筋混凝土圈梁，圈梁的宽度和高度宜等于墙厚和块体高，圈梁主筋不应少于 4Φ10，圈梁的混凝土强度等级不应低于同层块体强度等级的 2 倍，或该层灌孔混凝土的强度等级，也不应低于 Cb20。

4）抗震墙其他部位的水平和竖向钢筋的间距不应大于墙长、墙高的 1/3，也不应大于600mm。

5）应根据抗震等级确定抗震墙沿竖向和水平方向构造钢筋的配筋率，且不应小于0.1%。

6）按壁式框架设计的配筋砌块窗间墙中的竖向钢筋在每片墙中沿全高不应少于 4 根；沿墙的全截面应配置足够的抗弯钢筋；窗间墙中的竖向钢筋的含钢率不宜小于 0.2%，也不宜大于 0.8%。

7）按壁式框架设计的配筋砌块窗间墙中的水平分布钢筋应在墙端纵筋处向下弯折 90°，弯折段长度不小于 15*d* 和 150mm，或采取等效的措施；水平分布钢筋的间距在距梁边 1 倍墙宽范围内不应大于 1/4 墙宽，其余部位不应大于 1/2 墙宽；水平分布钢筋的配筋率不宜小于 0.15%。

（4）边缘构件的设置。

1）当利用剪力墙墙端的砌体受力时，在距一字墙墙端至少 3 倍墙厚范围内的孔中设置不小于 Φ12 的通长竖向钢筋；当剪力墙的轴压比大于 $0.6f_g$ 时，除按规定设置竖向钢筋外，还应设置间距不大于 200mm、直径不小于 6mm 的水平钢筋（钢箍）。

2）当在剪力墙墙端设置混凝土柱时，柱的截面宽度宜不小于墙厚，柱的截面高度宜为1～2 倍的墙厚，并不应小于 200mm；柱的混凝土强度等级不宜低于该墙体块体强度等级的2 倍，或不低于该墙体灌孔混凝土的强度等级，也不应低于 Cb20；柱的竖向钢筋不宜小于 4Φ12，箍筋不宜小于 Φ6、间距不宜大于 200mm；墙体中的水平箍筋应在柱中锚固，并应满足钢筋的锚固要求；柱的施工顺序宜为先砌砌块墙体，后浇捣混凝土。

4. 连梁其他构造规定

（1）钢筋混凝土连梁。当连梁采用钢筋混凝土时，连梁混凝土的强度等级不宜低于同层墙体块体强度的 2 倍，或不低于同层墙体灌孔混凝土的强度等级，也不应低于 Cb20；其他构造还应符合《混凝土结构设计规范》（GB 50010—2010）的有关规定。

（2）配筋砌块砌体连梁。当连梁采用配筋砌块砌体时，应满足：

1）连梁的高度不应小于两皮砌块的高度和 400mm；连梁应采用 H 形砌块或凹槽砌块组砌，孔洞应全部浇灌混凝土。

2）连梁上、下水平受力钢筋宜对称、通长设置，在灌孔砌体内的锚固长度不应小于40*d* 和 600mm；连梁水平受力钢筋的含钢率不宜小于 0.2%，也不宜大于 0.8%。

3）连梁箍筋的直径不应小于 6mm，箍筋的间距不宜大于 1/2 梁高和 600mm；在距支座等于梁高范围内的箍筋间距不应大于 1/4 梁高，距支座边缘第一根箍筋的间距不应大于100mm。

4）箍筋的面积配筋率不应小于 0.15%。

5）箍筋宜为封闭式，双肢箍末端弯钩为 135°；单肢箍末端弯钩为 180°，或弯 90°加 12倍箍筋直径的延长段。

5. 柱的其他构造规定

（1）柱的纵向钢筋。柱的纵向钢筋直径不宜小于 12mm，数量不应少于 4 根，全部纵向受力钢筋的配筋率不宜小于 0.2%。

（2）柱的箍筋。当纵向钢筋的配筋率大于 0.25% ，且柱承受的轴向力大于受压承载力设计值的 25% 时，应设置箍筋；当配筋率小于 0.25% 时，或柱承受轴向力小于受压承载力设计值的 25% 时，柱中可不设置箍筋；箍筋直径不宜小于 6mm，箍筋的间距不应大于 16 倍的纵向钢筋直径、48 倍箍筋直径及柱截面短边尺寸中较小者；箍筋应封闭，端部应弯钩；箍筋应设置在灰缝或灌孔混凝土中。

【例 5-5】 一截面为 390mm×390mm 的配筋砌块柱，柱计算高度 $H_0 = 3.9m$，承受轴心压力 $N = 650kN$。采用 MU10 砌块、砌块专用砂浆 Mb7.5 砌筑。孔洞率 δ 为 0.46，灌孔率 ρ 为 100%，灌孔混凝土为 Cb20。纵筋 4Φ12，箍筋 Φ6@200。试验算柱的承载力。

解 （1）构件几何参数和材料强度设计值。

由表 3-6 查得 $f = 2.5MPa$，对于独立柱应乘以 0.7，即

$$f = 0.7 \times 2.5MPa = 1.75MPa$$

柱截面面积 $A = 390mm \times 390mm = 0.15m^2 < 0.2m^2$，需对砌体强度设计值进行修正，即

$$\gamma_a = 0.8 + 0.15 = 0.95$$

$$\gamma_a f = 0.95 \times 1.75MPa = 1.66MPa$$

灌孔混凝土轴心抗压强度设计值 $f_c = 9.6MPa$，灌孔砌体抗压强度设计值

$$\alpha = \delta\rho = 0.46 \times 100\% = 0.46$$

$$f_g = f + 0.6\alpha f_c = 1.66MPa + 0.6 \times 0.46 \times 9.6MPa = 4.31MPa$$

钢筋 4Φ12，$A'_s = 452mm^2$，强度设计值

$$f'_y = 270MPa$$

（2）稳定系数 φ_{0g}。

配筋率 $\qquad\qquad \rho = \dfrac{A'_s}{A} = \dfrac{452mm^2}{150000mm^2} = 0.3\% > 0.2\%$

柱高厚比 $\qquad\qquad \beta = H_0/h = 3.9m/0.39m = 10$

稳定系数 $\qquad\qquad \varphi_{0g} = \dfrac{1}{1 + 0.001\beta^2} = \dfrac{1}{1 + 0.001 \times 10^2} = 0.91$

（3）柱承载力。

$$\varphi_{0g}(f_g A + 0.8f'_y A'_s) = 0.91 \times (4.31MPa \times 150000mm^2 + 0.8 \times 270MPa \times 452mm^2) \times 10^{-3}$$
$$= 677.2kN > N = 650kN$$

故柱受压承载力满足要求。

【例 5-6】 某配筋混凝土砌块墙体，墙长 2m，层高 3m，厚 190mm，见图 5-9，由 MU20 砌块、Mb10 砂浆砌筑而成。孔洞率 δ 为 0.5，灌孔率 ρ 为 100%，灌孔混凝土为 Cb40。竖向及水平向钢筋均为 HPB300 级。根据内力分析该墙段作用有轴心压力设计值 $N = 1800kN$，墙平面内弯矩设计值 $M = 600kN \cdot m$ 及水平方向剪力设计值 $V = 380kN$。试计算该墙段的配筋（其中取 $A_s = A'_s$）。

解 （1）确定材料强度设计值。

由表 3-6 查得砌体抗压强度设计值 $f = 4.95MPa$。

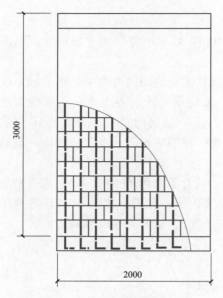

图 5-9 ［例 5-6］墙体尺寸

$A = 2\text{m} \times 0.19\text{m} = 0.38\text{m}^2 > 0.2\text{m}^2$，砌体强度不需要修正。

Cb40 混凝土轴心抗压强度设计值 $f_c = 19.1\text{MPa}$

灌孔砌体的抗压强度设计值

$$\alpha = \delta\rho = 0.5 \times 100\% = 0.5$$

$$f_g = f + 0.6\alpha f_c = 4.95\text{MPa} + 0.6 \times 0.5 \times 19.1\text{MPa}$$
$$= 10.68\text{MPa}$$

灌孔砌体的抗剪强度设计值

$$f_{vg} = 0.2 f_g^{0.55} = 0.2 \times 10.68^{0.55}\text{N/mm}^2 = 0.74\text{N/mm}^2$$

钢筋的强度设计值：$f_y' = f_y' = 270\text{MPa}$，$f_{yh} = 270\text{MPa}$

（2）构件正截面承载力计算。

根据竖向力平衡条件

$$N = f_g b x + f_y' A_s' - f_y A_s - \sum f_{si} A_{si}$$

为简化计算，令 $\sum f_{si} A_{si} = (h_0 - 1.5x) b f_y \rho_w$，$\rho_w$ 为竖向分布钢筋配筋率，取竖向分布钢筋为 Φ 12@200，则 $\rho_w = 0.003$。因采用对称配筋，因此，$f_y' A_s' = f_y A_s$。

按剪力墙边缘构件设置要求，在距墙端至少 3 倍墙厚范围设置，因此，边缘构件长度范围应为 600mm，其中心在距墙端 300mm 处，则 $h_0 = 2000\text{mm} - 300\text{mm} = 1700\text{mm}$，因此

$$x = \frac{N + f_y b h_0 \rho_w}{f_g b + 1.5 f_y b \rho_w}$$

$$= \frac{1800 \times 10^3\text{N} + 270\text{MPa} \times 190\text{mm} \times 1700\text{mm} \times 0.003}{10.68\text{MPa} \times 190\text{mm} + 1.5 \times 270\text{MPa} \times 190\text{mm} \times 0.003} = 912\text{mm}$$

$$x = 912\text{mm} < \xi_b h_0 = 0.57 \times 1700\text{mm} = 969\text{mm}$$

可按大偏心受压构件计算。

根据力矩平衡方程式

$$Ne_N = f_g b x (h_0 - x/2) + f_y' A_s' (h_0 - a_s') - \sum f_{si} S_{si}$$

其中

$$e_N = e + e_a + \left(\frac{h}{2} - a_s\right)$$

$$e = \frac{M}{N} = \frac{600\text{kN} \cdot \text{m}}{1800\text{kN}} = 0.333\text{m} = 333\text{mm}$$

$$\beta = \frac{3000\text{mm}}{2000\text{mm}} = 1.5$$

$$e_a = \frac{\beta^2 h}{2200}(1 - 0.022\beta) = \frac{1.5^2 \times 2000\text{mm}}{2200}(1 - 0.022 \times 1.5) = 2.0\text{mm}$$

$$e_N = 333\text{mm} + 2.0\text{mm} + \left(\frac{2000\text{mm}}{2} - 300\text{mm}\right) = 1035\text{mm}$$

$$Ne_N = 1800 \times 10^3\text{N} \times 1035\text{mm} = 1.86 \times 10^9\text{N} \cdot \text{mm}$$

$$f_g bx(h_0 - x/2) = 10.68\text{MPa} \times 190\text{mm} \times 912\text{mm} \times (1700\text{mm} - 912\text{mm}/2)$$

$$= 2.3 \times 10^9 \text{N} \cdot \text{mm}$$

$$\sum f_{si} S_{si} = \frac{1}{2}(h_0 - 1.5x)^2 bf_y \rho_w$$

$$= \frac{1}{2} \times (1700\text{mm} - 1.5 \times 912\text{mm})^2 \times 190\text{mm} \times 270\text{MPa} \times 0.003$$

$$= 8.48 \times 10^6 \text{N} \cdot \text{mm}$$

$$A'_s = A_s = [Ne_N + \sum f_{si} S_{si} - f_g bx(h_0 - x/2)]/[f'_y(h_0 - a'_s)]$$

$$A'_s = A_s = \frac{1.86 \times 10^9 \text{N} \cdot \text{mm} + 8.48 \times 10^6 \text{N} \cdot \text{mm} - 2.3 \times 10^9 \text{N} \cdot \text{mm}}{270\text{MPa} \times (1700\text{mm} - 300\text{mm})} < 0$$

A'_s、A_s 按构造配筋，墙端每侧 3 Φ 14，设在墙端 3 个孔洞内，竖向分布钢筋为 Φ 12@200。

（3）斜截面承载力计算。

截面限制条件 $V \leqslant 0.25 f_g bh_0$，由于

$$0.25 \times 10.68\text{MPa} \times 190\text{mm} \times 1700\text{mm} = 862410\text{N} = 862.4\text{kN} > V = 380\text{kN}$$

故截面尺寸满足要求。

配筋计算

$$\lambda = \frac{M}{Vh_0} = \frac{600 \times 10^6 \text{N} \cdot \text{mm}}{380 \times 10^3 \text{N} \times 1700\text{mm}} = 0.93 < 1.5$$

取 $\lambda = 1.5$，因 $N = 1800\text{kN} > 0.25 f_g bh_0 = 862.4\text{kN}$，则取 $N = 0.25 f_g bh_0 = 862.4\text{kN}$。

按剪力墙受剪承载力计算公式

$$V \leqslant \frac{1}{\lambda - 0.5} \times \left(0.6 f_{vg} bh_0 + 0.12 N \frac{A_w}{A}\right) + 0.9 f_{yh} \frac{A_{sh}}{s} h_0$$

$$\frac{A_{sh}}{s} = \frac{V - \dfrac{1}{\lambda - 0.5} \times (0.6 f_{vg} bh_0 + 0.12 N)}{0.9 f_{yh} h_0}$$

$$= \frac{380 \times 10^3 \text{N} - \dfrac{1}{1.5 - 0.5} \times (0.6 \times 0.74\text{MPa} \times 190\text{mm} \times 1700\text{mm} + 0.12 \times 862410\text{N})}{0.9 \times 270\text{MPa} \times 1700\text{mm}}$$

$$= 0.322$$

取间距 $s = 300\text{mm}$，则 $A_{sh} = 96.6\text{mm}^2$。取 Φ 12@300，$A_{sh} = 113.1\text{mm}^2 > 96.6\text{mm}^2$

★ 本章小结

（1）网状配筋砖砌体轴心受压时，由于钢筋网约束砌体的横向变形，推迟了裂缝的出现，可避免砌体破坏时形成若干独立小柱，能较大地提高砌体的承载力。当荷载作用的偏心距较大或构件高厚比较大时，不宜采用网状配筋砖砌体。

（2）组合砖砌体不但能显著提高砌体的抗弯能力和延性，而且也能提高其受压承载力。因此，当无筋砌体受压构件的截面尺寸受到限制，或设计不经济，以及当轴向力的偏心距超过规定的限值（$e > 0.6y$）时，可采用组合砖砌体构件。

（3）当砖砌体墙的竖向受压承载力不足而墙体的厚度又受到限制时，采用砖砌体和钢筋混凝土构造柱组合墙，可使墙的开裂荷载和极限承载力提高，并且可以加强墙体的整体性，提高墙体的延性和抗震性能。

（4）配筋砌块砌体具有较高的承载力、较好的延性以及明显的经济优势，故在多高层建筑当中得到较好的应用。配筋砌块砌体受力性能与现浇混凝土构件相似，因此，配筋砌块砌体剪力墙、柱承载力计算方法与普通钢筋混凝土剪力墙、柱大同小异。

（5）对以上各种配筋砌体构件进行设计时，除应满足承载力要求外，还应满足各自的构造要求，才能保证构件安全可靠。

思 考 题

5-1 简述网状配筋砖砌体受压性能，以及网状配筋砖砌体的抗压强度较无筋砖砌体抗压强度高的原因。网状配筋砖砌体的适用范围是什么？

5-2 组合砖砌体构件的组成材料各自的极限压应变不同，如何考虑它们的协同作用？

5-3 砖砌体和钢筋混凝土构造柱组合墙中构造柱的主要作用是什么？构造柱的间距变化对组合墙承载力有什么影响？

5-4 试比较砖砌体和钢筋混凝土面层的组合砖砌体偏心受压构件与钢筋混凝土偏心受压构件计算中，在附加偏心距的取值上的异同点。

5-5 配筋砌块砌体构件正截面承载力计算的基本假定和计算公式与钢筋混凝土构件有何不同？配筋砌块砌体剪力墙和连梁斜截面承载力计算公式与钢筋混凝土构件有何区别？配筋砌块砌体构造规定大致有哪几方面？

习 题

5-1 一网状配筋砖柱，截面尺寸为 490mm×490mm，柱的计算高度 $H_0=4.5$m，柱采用 MU10 烧结普通砖、M7.5 混合砂浆砌筑。承受轴心压力设计值 $N=480$kN，网状配筋选用 Φ4 冷拔低碳钢丝方格网，$f_y=430$N/mm²，$A_s=12.6$mm²，$s_n=240$mm（四皮砖），$a=50$mm。试验算柱的承载力。

5-2 如图 5-10 所示的组合砖柱，截面尺寸为 490mm×620mm，柱计算高度 $H_0=6.7$m。钢筋采用 HPB300 级，采用 C20 混凝土面层，砌体采用 MU10 烧结普通砖、M7.5 混

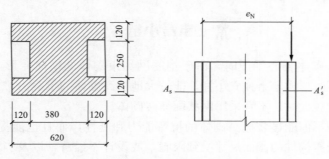

图 5-10 习题 5-2 组合砖柱

合砂浆砌筑，承受的轴心压力设计值为 $N=400$kN，弯矩设计值为 $M=120$kN·m，弯矩作用于长边方向。采用对称配筋，试计算钢筋面积 $A_s=A_s'$。

5-3　某房屋中的砖砌体和钢筋混凝土构造柱组合墙，墙厚 $h=240$mm，采用 MU10 烧结普通砖、M7.5 混合砂浆砌筑。沿墙长每隔 2.5m 设置截面尺寸为 240mm×240mm 的钢筋混凝土构造柱，构造柱采用 C20 混凝土（$f_c=9.6$MPa），柱中配置 4Φ12 的 HPB300 级的纵向钢筋（$f_y'=270$MPa）。墙的计算高度 $H_0=3.6$m，试计算每米墙体可承受的轴向压力设计值。

5-4　某配筋混凝土砌块墙体，墙长 1.8m，层高 2.8m，墙厚 190mm，采用 MU20 砌块、Mb10 专用砂浆砌筑而成。孔洞率 δ 为 0.5，灌孔率 ρ 为 100%，灌孔混凝土为 Cb30（$f_c=14.3$MPa），竖向及水平向钢筋均为 HPB335 级（$f_y'=f_y=270$MPa）。根据内力分析该墙段作用有轴心压力设计值 $N=1600$kN，墙平面内弯矩设计值 $M=500$kN·m 及水平方向剪力设计值 $V=300$kN。试计算该墙段的配筋，其中取 $A_s=A_s'$。

第6章 砌体结构房屋的墙、柱设计

教学目标

1. 知识目标
(1) 掌握砌体结构房屋的常用结构布置方案；
(2) 掌握砌体结构房屋的静力计算方案及判定方法；
(3) 掌握刚性方案砌体结构房屋的设计方法；
(4) 掌握砌体结构房屋的一般构造措施；
(5) 了解弹性方案、刚弹性方案房屋的计算简图与计算方法。
2. 能力目标
(1) 能够进行砌体结构房屋的结构布置并判断其静力计算方案；
(2) 能够进行刚性方案房屋的设计与计算。
3. 素质目标
(1) 通过对结构布置和静力计算方案的学习，能够在实际工程应用中选择合理的结构方案并进行规范设计，培养学生的工程安全意识与经济意识，进而培养学生的职业道德；
(2) 通过对砌体结构房屋结构构件的全过程设计，包括科学的结构计算、合理构造措施以及绘制工程施工图，培养学生作为工程师的职责与担当。

6.1 房屋的结构布置

6.1.1 概述

砌体结构房屋通常是指主要承重构件由砖、石、砌块等不同的砌体材料组成的房屋。例如墙、柱以及基础采用砌体材料建造，楼、屋盖采用钢筋混凝土材料建造，或由钢材或木材建造的房屋，即属于砌体结构房屋。

砌体结构房屋选用的材料符合因地制宜、就地取材的原则，因此往往造价相对较低，广泛应用于层数不多的住宅、宿舍、办公楼、学校、食堂、仓库等民用建筑以及小型工业建筑中。

过去我国的砌体结构房屋墙体材料大多采用黏土砖，由于烧制黏土砖大量占用农田，造成环境和资源破坏，自从1996年国家开始"禁实"工程以来，很多大、中城市已经不允许使用黏土砖。新建砌体结构房屋的墙体一般选用非黏土材料，如蒸压粉煤灰砖、蒸压灰砂砖、混凝土轻骨料砌块等。这些墙体材料具有较高的强度，能够满足多层房屋的承载力要求。

墙体在砌体结构房屋中既具有承重功能，又具有围护和分隔功能，因此砌体结构房屋墙体的布置和设计对房屋的使用和安全具有重要的作用。

6.1.2 承重墙体的布置

在砌体结构房屋中，按照墙体是否承受楼、屋盖传来的荷载分为承重墙体和非承重墙体。承重墙体不仅承受墙体自重，还需承受楼、屋盖传来的荷载；非承重墙体仅承受墙体自重。

在建筑平面中，通常又将平行于房屋长向布置的墙体称为纵墙；平行于房屋短向布置的墙体称为横墙；房屋四周与外界分隔的墙称为外墙；外横墙又称为山墙；内部房间以及走廊、楼梯等之间的分隔墙称为内墙。楼盖、屋盖、承重的内、外纵墙、横墙以及柱和对应的基础形成了砌体结构房屋的承重体系。

砌体结构房屋按照不同功能建筑的平面设计布置承重墙体，形成楼、屋盖不同的荷载传递路径。按照荷载传递路径形成了不同的结构布置方案，砌体结构房屋的结构布置方案一般分为横墙承重方案、纵墙承重方案、纵横墙承重方案、内框架承重方案、底部框架承重方案。

1. 横墙承重方案

对于平面开间尺寸不大、布置规整的宿舍、办公楼等建筑，结构布置时一般将楼、屋面板沿房屋纵向搁置在横墙上，楼板承受的竖向荷载通过横墙传至基础，纵向墙体一般不承受楼板传来的荷载，这种结构布置称为横墙承重方案，见图 6-1。

横墙承重方案荷载传递路线是：板→横墙→基础→地基。

横墙承重方案房屋具有以下特点：

（1）横向刚度大，整体性好。横墙承重方案一般横墙间距小，数量多，加之与纵墙相互拉结在一起，具有较大的横向刚度，能很好地抵抗横向风荷载、地震作用。

（2）纵墙是非承重墙体，因此内、外纵墙上开设门、窗洞口不受限制，立面处理灵活。

（3）墙体材料用量多，楼、屋盖跨度小，一般不需设置梁，楼、屋盖材料用量少，相对较经济。

横墙承重方案一般应用于住宅、宿舍、旅馆、办公楼等建筑。

2. 纵墙承重方案

对于有较大开间要求的建筑，横墙往往较少，因此一般可采用将长线楼板直接搁置在内、外纵墙上，形成纵墙承重方案，见图 6-2。纵墙承重方案荷载传递路线是：板→纵墙→基础→地基。

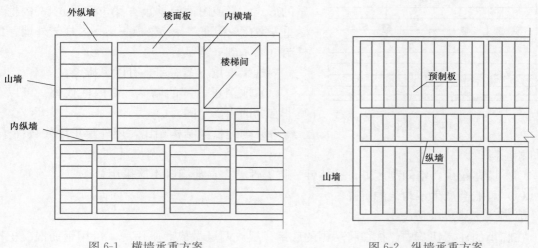

图 6-1　横墙承重方案　　　　　　　　　　图 6-2　纵墙承重方案

纵墙承重方案房屋具有以下特点：

（1）大部分的横墙是非承重墙，因此内部横墙间距较大，房屋可以获得较大的内部空间，布置灵活。

（2）纵墙、横墙数量较少，因此房屋刚度小，整体性差。

（3）与横墙承重体系相比，墙体材料用量少，楼屋盖材料用量多。

纵墙承重方案一般应用于教学楼、商场、医院等建筑。

3. 纵横墙承重方案

对于建筑平面布置比较复杂，楼、屋盖布置不是单一方向布置的建筑，楼、屋盖传来的荷载由纵横墙共同承担，形成纵横墙承重方案，见图 6-3。

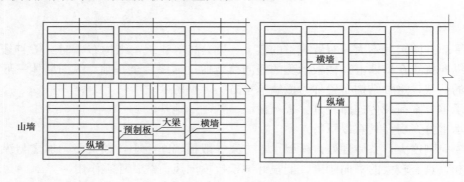

图 6-3　纵横墙承重方案

纵横墙承重方案纵、横向墙体都是承重墙，其荷载传递路线是：板→纵横墙→纵横墙基础→地基。

纵横墙承重方案的特点介于上述两种方案之间：平面布置较灵活，房屋空间刚度较大，立面处理较自由，故主要应用于综合楼、办公楼、医院等建筑。

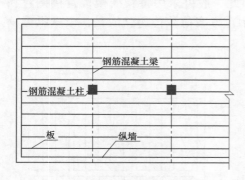

图 6-4　内框架承重方案

4. 内框架承重方案

对于工业建筑或公用建筑，为了获得更大的内部空间，往往采用内部框架柱、外部承重墙共同承重的形式，形成内框架承重方案，见图 6-4。内框架承重方案荷载传递路径：楼板→梁→内柱与外墙→内柱与外墙基础→地基。

内框架承重方案房屋具有以下特点：

（1）取消了内部的墙体，由内柱代替，可以获得非常大的内部空间。

（2）与纯框架结构相比，用外承重墙代替柱子，造价相应降低。

（3）墙体较少，空间刚度差，整体性、抗震性差，在地震区不应采用。

（4）可能会产生不均匀的沉降。

5. 底部框架承重方案

在临街的住宅建筑中，往往将房屋的底部一层或两层做成商服用房，可用钢筋混凝土框架结构取代承重墙体，上部仍为砌体墙，形成底部框架承重方案，见图 6-5。底部框架承重

方案荷载传递路径：上部荷载→内外墙→转换层钢筋混凝土梁→柱
（墙体）→基础→地基。

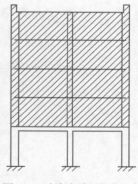

图 6-5　底部框架承重方案

底部框架承重方案房屋具有以下特点：

1）取消了底部的墙体，获得了较大的内部空间，适用于底层
为商店、展览厅、食堂而上面是住宅、办公室的建筑。

2）由于底部采用框架，容易出现竖向抗侧刚度不连续，下柔
上刚，对抗震较为不利。根据 2008 年四川省汶川大地震灾区底框
结构的震害调查中发现，底框结构在地震区的破坏严重，特别是在
极震区（地震烈度 11 度），底框结构基本完好和局部损坏只占
19.1%，底框坍塌和底框倾斜并严重损坏的占到总数的 61.9%。
因此，甲乙类建筑不应采用底框结构，底框结构在地震区应用时应采取相应的抗震措施。

以上砌体结构房屋承重方案是从工程实践中概括出来的，在实际工程设计中，应根据不
同的使用要求，以及地质、材料、施工等条件，按照安全可靠、技术先进、经济合理的原
则，对不同承重方案进行经济、技术比较，正确选择合理的承重方案。

6.2　房屋的静力计算方案

6.2.1　房屋的空间工作性能

砌体结构房屋是由屋盖、楼盖、墙、柱、基础等主要承重构件组成的空间受力体系，共
同承受作用在房屋上的各种竖向荷载（结构的自重、楼屋面的活荷载）、水平风荷载和地震
作用。不同结构布置方案的房屋在竖向和水平荷载作用下的空间工作性能不同，影响着砌体
结构房屋的静力计算方案。

现以水平风荷载作用下的单层房屋为例说明房屋墙体、楼、屋盖的受力及工作情况。

1. 两端无山墙的单层房屋

图 6-6 所示为一幢两端没有山墙的单层房屋，外纵墙承重，屋盖为预制钢筋混凝土屋面
板和屋面大梁。水平风荷载的传递路线是：纵墙→基础→地基。

假定作用于房屋的荷载为均匀分布，外纵墙的窗口也是有规律排列的，因此，在水平荷
载作用下整个房屋墙体顶部的水平位移是相等的。从任意相邻两窗口中线截取一个单元作为
代表，代表整个房屋的受力状态，该单元即为计算单元，见图 6-6（a）。在水平风荷载作用
下，计算单元的水平位移主要取决于纵墙刚度，屋盖的刚度只是保证传递水平荷载时两侧纵
墙的位移相等。因此，可以把屋面板、屋面大梁视为绝对刚性的横梁，纵墙视为排架柱，基
础视为柱的固定端支座，屋盖结构的横梁与排架柱之间视为铰接，则计算单元的受力状态就
如同一个单跨平面排架，见图 6-6（d），属于平面受力体系，其内力可以采用结构力学的方
法进行分析。

2. 两端有山墙的单层房屋

图 6-7 所示为一幢两端有山墙的单层房屋，由于两端有山墙约束，其传力途径发生了变
化。在水平荷载作用下，由于两端山墙的约束作用，整个房屋的水平位移不再相等，距山墙
较近处的纵墙顶部水平位移较小，距山墙较远处的纵墙顶部水平位移较大。把屋盖结构视为
水平方向的梁，其跨度等于两端山墙的间距；山墙视为竖向的悬臂梁，悬臂长度等于山墙的

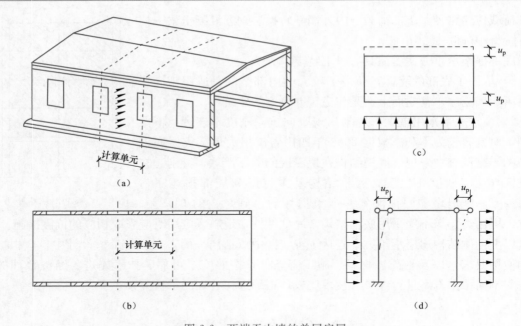

图 6-6　两端无山墙的单层房屋

（a）立体图；（b）平面图；（c）水平荷载下屋盖水平位移；（d）风荷载下纵墙水平位移

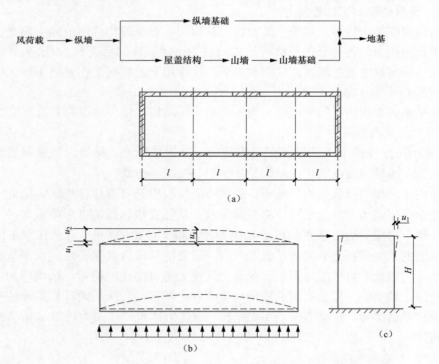

图 6-7　两端有山墙的单层房屋

（a）平面图；（b）屋盖水平变形；（c）山墙平面内变形

高度，嵌固于基础上。风荷载作用在外纵墙上，传给外纵墙基础和屋盖，由于两端山墙的约束，屋盖水平梁承受水平荷载后，在水平方向发生弯曲变形，见图 6-7（b）；同时屋盖结构将部分荷载传递给山墙，山墙在自身平面内发生悬臂弯曲变形，见图 6-7（c）。两种荷载同时传递给山墙基础，由此可以看出，水平荷载的传递路径是：

由此可见，水平风荷载不仅在纵墙和屋盖组成的平面排架内传递，而且还通过屋盖向山墙传递，荷载传递路径不再是平面内传递，这种在房屋空间上的内力传播与分布，称为房屋的空间作用，相应的房屋整体刚度称为空间刚度。房屋的空间刚度是指房屋产生单位侧移所需的水平力。因此，房屋的空间刚度不仅与纵墙刚度有关，还与屋盖结构的刚度、山墙（横墙）间距、山墙（横墙）的刚度都有很大的关系。此时，纵墙顶部的水平位移 u_s（见图 6-7）可以表示为

$$u_s = u_1 + u_2 \leqslant u_p \tag{6-1}$$

式中　u_s——考虑空间工作时，外荷载作用下房屋纵墙的水平位移最大值；

　　　u_1——山墙顶端水平位移；

　　　u_2——屋盖结构平面内产生的位移；

　　　u_p——平面排架结构顶点水平位移。

影响房屋空间刚度的因素是屋盖类型及其在自身平面内的刚度、横墙或山墙间距以及横墙或山墙在自身平面内的刚度等。两端山墙或横墙的间距越小，屋盖的水平刚度越大，纵墙的刚度越大，房屋的空间刚度越好。

房屋空间作用的大小可以用空间性能影响系数 η 表示，其值为具有空间工作性能的排架和平面排架之间柱顶水平位移的比值，即

$$\eta = \frac{u_s}{u_p} \leqslant 1 \tag{6-2}$$

η 值越大，表示房屋的水平侧移与平面排架的侧移越接近，房屋空间作用越小；反之，η 值越小，房屋的水平侧移与平面排架的侧移越接近，房屋空间作用越大。η 又称为空间工作侧移折减系数，其值可按表 6-1 查用。

表 6-1　　　　　　　　　　　房屋各层的空间性能影响系数 η_i

屋盖或楼盖类别	横墙间距 s（m）														
	16	20	24	28	32	36	40	44	48	52	56	60	64	68	72
1	—	—	—	—	0.33	0.39	0.45	0.50	0.55	0.60	0.64	0.68	0.71	0.74	0.77
2	—	0.35	0.45	0.54	0.61	0.68	0.73	0.78	0.82	—	—	—	—	—	—
3	0.37	0.49	0.60	0.68	0.75	0.81									

注　i 取 $1 \sim n$，为房屋的层数。

6.2.2　房屋静力计算方案

1. 房屋静力计算方案的分类

房屋静力计算方案是指根据房屋的空间工作性能确定的结构静力计算简图。根据房屋空间工作性能的大小，房屋的静力计算方案分为刚性方案、弹性方案、刚弹性方案。

（1）刚性方案。当房屋的空间刚度很大，在水平荷载作用下，$u_s \approx 0$，即可以忽略房屋的水平位移，这类房屋称为刚性方案房屋。这时，楼、屋盖可视为纵向墙体上端的不动铰支座，墙、柱内力按支座无侧移的竖向构件计算。刚性方案计算简图如图 6-8（a）所示。

（2）弹性方案。当房屋的空间刚度很小，在水平荷载作用下，$u_s \approx u_p$，即墙顶的水平位移近似等于平面排架结构的侧移，这类房屋称为弹性方案房屋。这时，墙、柱内力按照楼

（屋）盖与墙柱铰接的平面排架或框架结构计算。弹性方案计算简图如图 6-8（b）所示。

（3）刚弹性方案。若房屋的空间刚度介于上述两种方案之间，在水平荷载作用下，$0 < u_s < u_p$，纵墙顶端水平位移比弹性方案小，但又不可忽略，这时墙柱内力可按照考虑空间作用的平面排架或框架结构计算，这类房屋称为刚弹性方案房屋。刚弹性方案计算简图如图 6-8（c）所示。

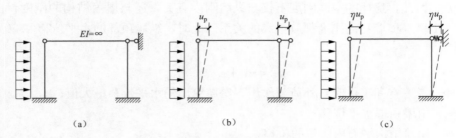

图 6-8　单层砌体结构房屋的计算简图

（a）刚性方案；（b）弹性方案；（c）刚弹性方案

《砌体规范》规定：$\eta > 0.77$ 时，按弹性方案计算；$\eta < 0.33$ 时，按刚弹性方案计算与按刚性方案计算所要求的截面尺寸差别不显著，但按刚性方案计算使计算大大简化，故可按刚性方案计算；当 $0.33 < \eta < 0.77$ 时，按刚弹性方案计算。按照上述原则，为了方便设计，《砌体规范》规定可根据楼、屋盖类型、横墙间距来确定房屋静力计算方案。

房屋的静力计算方案见表 6-2。

表 6-2　　　　　　　　　　房屋的静力计算方案

序号	屋盖或楼盖类别	刚性方案	刚弹性方案	弹性方案
1	整体式、装配整体式、装配式无檩体系钢筋混凝土屋盖或钢筋混凝土楼盖	$s < 32$	$32 \leqslant s \leqslant 72$	$s > 72$
2	装配式有檩体系钢筋混凝土屋盖、轻钢屋盖和有密铺望板的木屋盖或木楼盖	$s < 20$	$20 \leqslant s \leqslant 48$	$s > 48$
3	瓦材屋面的木屋盖和轻钢屋盖	$s < 16$	$16 \leqslant s \leqslant 36$	$s > 36$

注　1. s 为房屋横墙间距，m。
　　2. 上柔下刚多层房屋的屋顶可按单层房屋确定计算方案。
　　3. 对无山墙或伸缩缝处无横墙的房屋，应按弹性方案考虑。

2. 刚性和刚弹性方案房屋横墙的要求

为了保证房屋的刚度，《砌体结构设计规范》规定刚性和刚弹性方案房屋横墙应符合下列要求：

（1）横墙中开有洞口时，洞口的截面面积不宜超过横墙截面面积的 50%。

（2）横墙的厚度不宜小于 180mm。

（3）单层房屋的横墙长度不宜小于其高度，多层房屋的横墙长度不宜小于其总高的 $H/2$（H 为横墙总高度）。

当横墙不能同时符合上述要求时，应对横墙的刚度进行验算。当横墙在水平荷载作用下的最大水平位移 $u_{max} \leqslant H/4000$ 时，符合此刚度要求的一段墙或其他结构构件（如框架等）仍可视为刚性或刚弹性方案横墙。

单层房屋横墙截面选取如图 6-9（a）所示。当横墙上门窗洞口的水平截面面积不超过横墙截面面积的 75% 时或采用框架作为刚性支点时，其计算简图如图 6-9（b）所示。单层房屋横墙在水平力作用下的最大水平位移 $u_{\max}$ 的计算可按下列计算公式进行，见图 6-9。

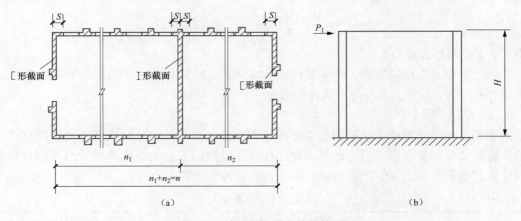

图 6-9　单层房屋横墙计算简图

(a) 横断截面选取；(b) 横墙计算简图

$$u_{\max} = \frac{P_1 H^3}{3EI} + \frac{\tau}{G} H = \frac{nPH^3}{6EI} + \frac{2.5nPH}{EA} \tag{6-3}$$

$$P_1 = \frac{nP}{2} \tag{6-4}$$

$$P = W + R \tag{6-5}$$

式中　P_1——作用于横墙顶端的集中水平荷载；

　　　n——与该横墙相邻的两横墙间的开间数；

　　　W——每开间中作用于屋架下弦、由屋面风荷载（包括屋架下弦以上一段女儿墙上的风荷载）产生的集中风力；

　　　R——假定排架无侧移时，每开间柱顶反力；

　　　H——横墙高度；

　　　E——砌体的弹性模量；

　　　I——横墙的惯性矩，为简化计算，近似地取横墙的毛截面惯性矩，当横墙与纵墙连接时可按 I 形或［形截面考虑［如图 6-9 (a) 所示］，与横墙共同工作的纵墙部分的计算长度 S，可每边近似取 $0.3H$；

　　　τ——水平截面上的剪应力；

　　　G——砌体的剪切模量。

水平截面上的剪应力计算为

$$\tau = \xi \frac{P_1}{A} \tag{6-6}$$

式中　ξ——应力分布不均匀系数，可取为 2.0；

　　　A——横墙水平截面面积，可近似取毛截面面积。

砌体剪切模量 G 计算为

$$G = \frac{E}{2(1+\nu)} \approx 0.4E \tag{6-7}$$

多层房屋也可仿照上述方法按下式计算

$$u_{max} = \frac{n}{6EI}\sum_{i=1}^{m} P_i H_i^3 + \frac{2.5n}{EA}\sum_{i=1}^{m} P_i H_i \tag{6-8}$$

式中　m——房屋总层数；

　　　P_i——假定每开间横墙（或框架）各层均为不动铰支座时，第 i 层的支座反力；

　　　H_i——第 i 层楼面至基础上顶面的高度。

3. 墙、柱计算高度 H_0

由于墙、柱的计算高度是根据其临界荷载大小及支承条件的变化而变化的，所以受压构件的计算高度与房屋类别、静力计算方案、计算部位等因素有关。砌体结构房屋墙、柱受压构件计算高度见表 6-3。表中构件高度 H，应按下列规定采用。

表 6-3　　　　　　　　　　　　受压构件计算高度 H_0

房屋类别			柱		带壁柱墙或周边拉结的墙		
			排架方向	垂直排架方向	$s>2H$	$2H \geqslant s>H$	$s \leqslant H$
有吊车的单层房屋	变截面柱上段	弹性方案	$2.5H_u$	$1.25H_u$	$2.5H_u$		
		刚性、刚弹性方案	$2.0H_u$	$1.25H_u$	$2.0H_u$		
	变截面柱下段		$1.0H_l$	$0.8H_l$	$1.0H_l$		
无吊车的单层和多层房屋	单跨	弹性方案	$1.5H$	$1.0H$	$1.5H$		
		刚弹性方案	$1.2H$	$1.0H$	$1.2H$		
	多跨	弹性方案	$1.25H$	$1.0H$	$1.25H$		
		刚弹性方案	$1.1H$	$1.0H$	$1.1H$		
	刚性方案		$1.0H$	$1.0H$	$1.0H$	$0.4s+0.2H$	$0.6s$

注　1. H_u 为变截面柱的上段高度；H_l 为变截面柱的下段高度，s 为房屋横墙间距。
　　2. 对于上端为自由端的构件，$H_0=2H$，H 为构件高度。
　　3. 独立砖柱，当无柱间支撑时，柱在垂直排架方向的 H_0 应按表中数值乘以 1.25 后采用。
　　4. 自承重墙的计算高度应根据周边支承或拉结条件确定。

（1）在房屋底层，为楼板顶面至下端支点的距离。下端支点位置，可取在基础顶面。当埋置较深且有刚性地坪时，可取室外地面下 500mm 处。

（2）在房屋其他层，为楼板或其他水平支点间的距离。

（3）对于无壁柱的山墙，可取层高加上山墙高度的 1/2；对于带壁柱的山墙可取壁柱处的山墙高度。

6.3　刚性方案房屋的计算

6.3.1　刚性方案单层房屋的计算

1. 刚性方案单层房屋承重纵墙的计算

（1）计算简图。单层刚性方案房屋承重纵墙较长，一般截取相邻两洞口中线作为计算单元宽度，计算单元范围内作用有竖向荷载、风荷载、结构自重等。在上述荷载作用下，墙、柱上端视为不动铰与屋盖结构相连接，下端视为固定端嵌固于基础顶面；纵墙顶端位移忽略不计，纵墙可视为有一水平链杆支撑于屋盖结构处的简支构件。刚性方案单层房屋纵墙构造及计算简图如图 6-10 所示。

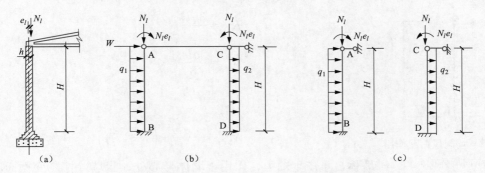

图 6-10　刚性方案单层房屋纵墙计算简图

(a) 纵墙构造示意图；(b) 计算简图；(c) 两纵墙等效计算简图

（2）内力计算。竖向荷载包括屋面恒荷载、屋面活荷载（雪荷载），这些荷载通过屋架或屋面大梁以集中力的形式作用于墙体顶端，见图 6-11（a），屋架传至墙（柱）顶端的集中力作用在距离柱定位轴线 150mm 处；屋面大梁传至墙（柱）顶端的集中力作用在距离墙内皮 $0.4a_0$ 处，见图 6-11（b）。轴向压力对墙（柱）中心形成一偏心距 e_l，则作用在墙（柱）顶部的屋面荷载为轴心压力 N_l 及弯矩 M_l，$M_l = N_l e_l$，由此可计算出其内力。竖向荷载作用下的内力如图 6-11（c）所示，支座反力及任意位置处的弯矩计算如下

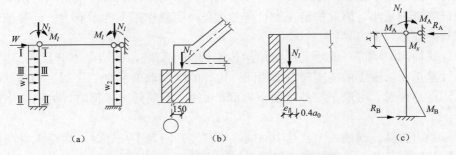

图 6-11　刚性方案单层屋面荷载作用位置

(a) 计算简图；(b) N_l 作用位置；(c) 屋面荷载作用下的内力

$$R_A = -R_B = -\frac{3M}{2H}$$

$$M_A = M$$

$$M_B = -\frac{M}{2}$$

$$M_x = \frac{M}{2}\left(2 - 3\frac{x}{H}\right) \tag{6-9}$$

水平风荷载包括作用在墙（柱）和屋盖结构上的风荷载。作用在屋盖结构上的风荷载简化成作用于墙（柱）顶端的集中荷载 W，对于刚性方案房屋，W 通过简化后的横梁直接传给刚性连杆，即传给横墙→横墙基础→地基，所以不对纵墙（柱）产生内力；作用在墙面上的风荷载为均布荷载，应考虑两种风向，迎风面为压力，背风面为吸力，见图 6-10。在均布荷载 q 作用下，纵向墙体的内力如图 6-12 所示，其内力按照结构力学的方法计算如下

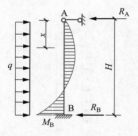

$$R_A = \frac{3qH}{8}$$

$$R_B = \frac{5qH}{8}$$

$$M_B = \frac{qH^2}{8}$$ (6-10)

$$M_x = -\frac{qH}{8}x\left(3 - 4\frac{x}{H}\right)$$

图 6-12　均匀风荷载作用

下纵向墙体的内力　　墙体自重产生轴力，作用于墙体形心处；当墙（柱）变截面时，对变截面以下部分产生偏心弯矩。

（3）控制截面及内力组合。在进行承重墙（柱）设计时，首先选取控制截面，确定控制截面的内力，然后根据《建筑结构荷载规范》（GB 10009—2012）对多种荷载作用下的内力进行组合。

控制截面一般选取墙（柱）顶端、底端、最大弯矩对应截面。

（4）截面承载力验算。对控制截面的内力值，按照偏心受压进行承载力计算。对于屋面梁（屋架）下还应进行局部受压的验算。

2. 刚性方案单层房屋承重横墙的计算

刚性方案房屋由于横墙间距不大，在水平风荷载作用下，纵墙传给横墙的水平力对横墙的承载力计算影响很小，因此横墙一般只需考虑竖向荷载作用下的承载力。计算原理与纵墙相同，只是需注意以下内容：

（1）计算简图。横墙一般承受屋盖结构传来的均布荷载，横墙上不开设洞口时，取 1m 宽度作为计算单元。横墙的支座与纵墙相同，构件的高度取值和纵墙类似。当基础埋置深度较大且有刚性地坪时，可取至室外地面下 500mm 处；上端是坡屋顶时，可取至山墙尖高度的一半。

（2）承载力验算。横墙，尤其是中间墙，当两侧开间大小一样时，横墙承受两边屋盖结构传来对称的竖向荷载，沿墙体高度仅产生轴心压力，可仅验算横墙底部截面；当横墙两侧不对称时，还应按照偏心受压构件计算内力，并进行承载力验算。

当横墙上开设洞口时，应考虑洞口的削弱影响；对于直接承受风荷载的山墙，应考虑风荷载的作用，计算方法同纵向墙体。

墙体承载力计算时，对于单层房屋带壁柱墙的计算截面缘宽度 b_f，无论是纵、横墙，均按下列规定取用：可取壁柱宽加 2/3 墙高，但不应大于相邻窗间墙宽度和相邻壁柱间的距离。

6.3.2　刚性方案多层房屋的计算

1. 刚性方案多层房屋承重纵墙的计算

（1）计算简图。与刚性方案单层房屋类似，刚性方案多层房屋承重纵墙设计时可以选取洞口较大处（洞口不均匀布置）或相邻两洞口中线（洞口均匀布置）作为计算单元，如图 6-13 所示，计算单元范围内作用有竖向荷载、风荷载、结构自重等。竖向荷载在多层房屋的墙体上的作用位置如图 6-14 所示，本层结构自重作用于相应墙体形心处。

在刚性方案房屋中，楼、屋盖可以视为墙体的不动铰支点，因此，在承受竖向荷载和水平荷载时，竖向墙带犹如一支承于楼、屋盖处的连续梁，见图 6-15（a）；但考虑到楼、屋盖

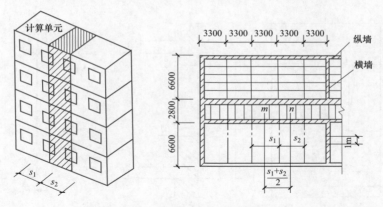

图 6-13 多层房屋外纵墙计算单元

梁或板伸入墙体，支承于纵向墙体上，墙体截面被削弱，使得墙体的连续性受到影响，楼、屋盖提供的约束也减小。因此，为简化计算，在竖向荷载作用下，可以忽略墙体的连续性，假定墙体在各楼层处均为铰接。在纵向墙体的底部，虽然墙体未削弱，但考虑到墙体底部轴力的影响远大于弯矩的影响，故也视为铰接。因此，在竖向荷载作用下，纵向墙体的计算简图可以进一步简化，如图 6-15（b）所示。但是在水平荷载作用下，不能考虑上述简化，仍视纵墙为一竖向连续梁，其计算简图和内力图如图 6-15（c）所示。

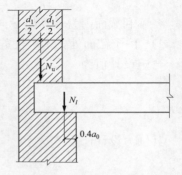

图 6-14 外纵墙竖向荷载
作用位置

（2）最不利截面及内力计算。对结构的某一层而言，一般有以下几个截面比较危险：本层楼盖底截面Ⅰ-Ⅰ、窗洞口上边缘截面Ⅱ-Ⅱ、窗洞口下边缘截面Ⅲ-Ⅲ、下层楼盖底截面Ⅳ-Ⅳ，见图 6-16。

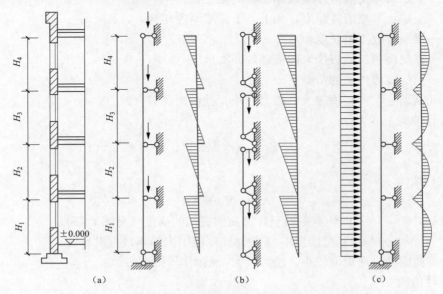

图 6-15 外纵墙计算简图及弯矩示意图
（a）竖向墙体简图；（b）竖向荷载作用下；（c）水平荷载作用下

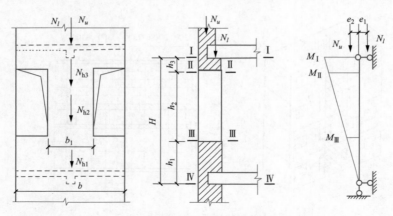

图 6-16　外纵墙最不利计算截面及弯矩图

各不利截面内力计算如下：

1）Ⅰ-Ⅰ截面处，本层楼盖产生的弯矩最大，轴力最小。

弯矩设计值为

$$M_{\mathrm{I}} = N_l e_1 - N_{\mathrm{u}} e_2$$

$$e_1 = \frac{h}{2} - 0.4a_0 \tag{6-11}$$

其轴力设计值为

$$N_{\mathrm{I}} = N_l + N_{\mathrm{u}}$$

$$e_2 = \frac{h_1}{2} - \frac{h_2}{2} \tag{6-12}$$

式中　　e_1——N_l 对该层墙体的偏心距；

　　　　e_2——上层墙体荷载对该层墙体形心的偏心距；

h_1、h_2——上层、本层墙体厚度，当上、下层墙厚度相同时，$e_2 = 0$；

　　　　a_0——梁端有效支承长度；

　　　　N_l——该层楼盖梁或板传来的荷载，即支承压力；

　　　　N_{u}——上层墙体传来的荷载。

2）Ⅱ-Ⅱ截面处，弯矩值较大，轴力较小，截面削弱较大。

弯矩设计值为

$$M_{\mathrm{II}} = M_{\mathrm{I}} \frac{h_1 + h_2}{H} \tag{6-13}$$

轴力设计值为

$$N_{\mathrm{II}} = N_{\mathrm{I}} + N_{\mathrm{h3}} \tag{6-14}$$

式中　h_1、h_2、h_3——不同计算截面至计算简图底端的高度（见图 6-16）；

　　　　　　N_{h3}——Ⅱ-Ⅱ截面至Ⅰ-Ⅰ截面高度范围内墙体自重设计值。

3）Ⅲ-Ⅲ截面处，弯矩值较小，轴力较大，截面削弱较大。

弯矩设计值为

$$M_{\mathrm{III}} = M_{\mathrm{I}} \frac{h_1}{H} \tag{6-15}$$

其轴力设计值为

$$N_{\text{III}} = N_{\text{II}} + N_{h2} \qquad (6\text{-}16)$$

式中　N_{h2}——III-III 截面至 II-II 截面高度范围内墙体及门窗等自重设计值。

　　4）IV-IV 截面处，弯矩值为零，轴力最大。其轴力设计值为

$$N_{\text{IV}} = N_{\text{III}} + N_{h1} \qquad (6\text{-}17)$$

式中　N_{h1}——III-III 截面至 IV-IV 截面高度范围内墙体自重设计值。

　　对 I-I、IV-IV，虽然其墙体计算面积较 II-II、III-III 截面处窗间墙的面积大，但是为了简化计算，《砌体规范》规定，可均取窗间墙面积。但当采用窗间墙面积计算承载力不满足时仍需按照原计算面积计算；当进深梁作用在外纵墙上时，可以仅计算 I-I、IV-IV 两个截面。

　　另外，当楼面梁支承于墙上时，梁端上下的墙体对梁端转动有一定的约束作用，因而梁端会有一定的约束弯矩。当梁的跨度较小时，约束弯矩可以忽略；但当梁的跨度较大时，墙体结构约束弯矩不可忽略。约束弯矩将在梁端上、下墙体内产生弯矩，使墙体偏心距增大，造成墙体乃至房屋倒塌。为防止此类工程事故的重复发生，《砌体规范》规定：对于梁跨度大于 9m 的墙承重的多层房屋，除按上述方法计算墙体内力外，还应考虑梁端约束的影响，可按两端固结计算梁端弯矩，乘以修正系数 γ 后，按墙体线刚度分到上层墙底部和下层墙顶部。此时，上层墙体底端弯矩不为零，应按偏心受压验算墙体。修正系数 γ 按下式计算

$$\gamma = 0.2\sqrt{a/h} \qquad (6\text{-}18)$$

式中　a——梁端实际支承长度；

　　　h——支承墙体的厚度，上下层墙厚度不同时取下部墙厚度，有壁柱时取 T 形截面折算厚度 h_{T}。

　　（3）风荷载作用下的内力计算。在水平均布风荷载作用下，墙柱视为竖向连续梁，为简化计算，其正负最大弯矩均可按下式计算

$$M = \frac{wH_i^2}{12} \qquad (6\text{-}19)$$

式中　w——沿楼层高度均布的风荷载设计值；

　　　H_i——第 i 层层高。

　　当刚性方案多层房屋的外墙符合下列要求时，静力计算可不考虑风荷载的影响：

　　1）洞口水平截面面积不超过全截面面积的 2/3。

　　2）层高和总高不超过表 6-4 的规定。

　　3）屋面自重不小于 0.8kN/m^2。

表 6-4　　　　　　　　刚性方案多层房屋外墙不考虑风荷载影响时的最大高度

基本风压值（kN/m²）	层高（m）	总高（m）
0.4	4.0	28
0.5	4.0	24
0.6	4.0	18
0.7	3.5	18

注　对于多层砌块房屋 190mm 厚的外墙，当层高不大于 2.8m、总高不大于 19.6m、基本风压不大于 0.7kN/m^2 时，可不考虑风荷载的影响。

2. 刚性方案多层房屋承重横墙的计算

与刚性方案单层房屋承重横墙类似，刚性方案多层房屋承重横墙的设计不考虑风荷载，主要承受竖向荷载，可以选取 1m 宽作为计算单元，每层横墙视为两端不动铰的竖向构件，见图 6-17（a）。

刚性方案多层房屋横墙承受的竖向荷载及作用位置如图 6-17（b）所示，其中，N_u 为上部墙体传来的荷载；N_{l1}、N_{l2} 分别为横墙左右两侧楼板（梁）传来的竖向力。本层墙体自重作用于墙体的形心处。当横墙两侧的恒荷载和活荷载引起的竖向力相同时，沿整个墙体高度都承受轴心压力，所以最危险截面在底层墙体底部。如果横墙两侧楼板的构造做法或开间不同，则可参照纵向墙体的方法按照偏心受压计算。当活荷载很大时，也应考虑只有一边作用活荷载的情况，按偏心受压构件验算墙体。

多层房屋进行墙体承载力计算时，对于带壁柱墙的计算截面翼缘宽度 b_f，按下列规定取用：当有门窗洞口时，可取窗间墙宽度；当无门窗洞口时，每侧翼墙宽度可取壁柱高度（层高）的 1/3，但不应大于相邻壁柱间的距离。

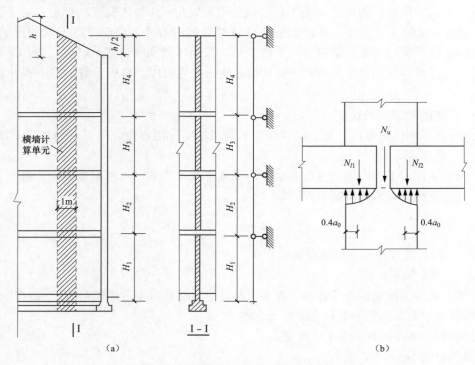

图 6-17　多层刚性方案房屋横墙计算简图
（a）计算单元；（b）竖向荷载作用位置

6.4　弹性方案房屋的计算

6.4.1　弹性方案单层房屋的计算

1. 基本假定

弹性方案单层房屋的静力计算，可按屋架或屋面梁与墙（柱）铰接的、不考虑空间作用的平面排架计算。计算采用以下假定：

（1）纵墙、柱上端与屋架（屋面梁）铰接，下端与基础顶面刚接。

（2）屋架（屋面梁）刚度无限大，在荷载作用下，不产生拉伸或压缩变形，故墙（柱）顶端侧移相等。

2. 计算步骤

根据上述假定，弹性方案单层房屋的计算简图为铰接平面排架，计算方法与钢筋混凝土单层工业厂房一样。弹性方案单层房屋墙、柱内力分析如图 6-18 所示。

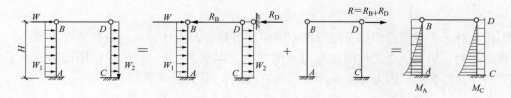

图 6-18　弹性方案单层房屋墙、柱内力分析

计算步骤如下：

（1）先在排架上端加上一个假想的不动铰支座，成为无侧移的平面排架，计算在荷载作用下不动铰支座的反力 R 和相应的内力。

（2）把支座反力 R 反方向作用在排架柱顶，恢复排架的变形，计算在此荷载作用下墙（或柱）的内力。

（3）将上述计算结果叠加，即为排架墙（或柱）的内力。

在竖向荷载、风荷载作用下具体的内力计算可参看钢筋混凝土单层工业厂房排架柱的设计。

6.4.2　弹性方案多层房屋的计算

多层砌体结构方案房屋应避免设计成弹性方案。因为此类房屋的楼面与墙、柱的连接处不能形成刚节点，水平荷载作用下会产生很大的变形与位移，甚至会发生连续倒塌，在此不做介绍。

6.5　刚弹性方案房屋的计算

6.5.1　刚弹性方案单层房屋的计算

在水平荷载作用下，刚弹性方案房屋墙（柱）顶端产生的水平位移，其值比弹性方案小，但又不能忽略。因此，计算时应考虑房屋的空间作用，其计算简图是在弹性方案计算简图的上端加上一弹性支座，弹性支座的刚度与房屋空间性能影响系数 η 有关。计算简图如图 6-19 所示。

对于刚弹性方案房屋，由于空间工作的影响，当排架柱顶作用一集中力 R 时，其柱顶水平位移为 $u_s = \eta u_p$，较弹性平面排架的柱顶水平位移 u_p 减小，其差值为

$$u_p - u_s = (1-\eta)u_p \tag{6-20}$$

设 x 为弹性支座反力，根据位移与内力成正比的关系可求出此反力，即

$$u_p : (1-\eta)u_p = R : x$$

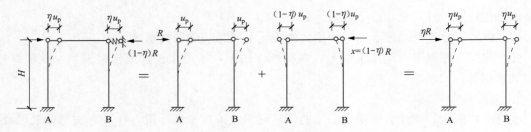

图 6-19　刚弹性方案单层房屋的计算简图

可得

$$x = (1-\eta)R$$

因此，对于水平荷载作用下刚弹性方案单层房屋的内力计算，只需在弹性方案单层房屋的计算简图上，加上一个由空间工作引起的弹性支座反力 $(1-\eta)R$ 的作用即可。水平荷载作用下刚弹性方案房屋内力计算简图如图 6-20 所示，其分析步骤如下：

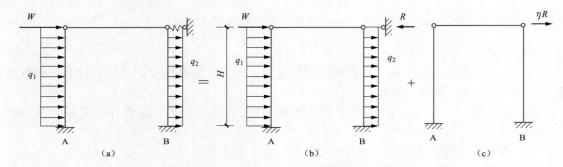

图 6-20　刚弹性方案单层房屋的内力计算简图

(a) 计算简图；(b) 设置不动铰支座；(c) 拆除不动铰支座

（1）先在排架上端加上一个假想的水平不动铰支杆，计算出在荷载作用下不动铰支杆的反力 R 和相应的内力。

（2）把支座反力 R 反方向作用在排架顶端，与反向的柱顶弹性支座反力 $(1-\eta)R$ 进行叠加，故排架实际承受的水平力为 $R+(1-\eta)R=\eta R$，计算在此荷载作用下墙（柱）的内力；η 为空间作用系数（见表 6-1）。

（3）将上述计算结果叠加，即为排架墙（柱）的内力。单层刚弹性方案房屋两侧墙（柱）的最后弯矩计算公式如下

$$M_{\mathrm{A}} = \frac{\eta WH}{2} + \left(\frac{1}{8} + \frac{3\eta}{16}\right)q_1 H^2 + \frac{3\eta}{16}q_2 H^2$$

$$M_{\mathrm{B}} = -\left[\frac{\eta WH}{2} + \frac{3\eta}{16}q_1 H^2 + \left(\frac{1}{8} + \frac{3\eta}{16}\right)q_2 H^2\right]$$

(6-21)

式中　M_{A}、M_{B}——排架两墙（柱）在水平荷载作用下的弯矩；

　　　　W——排架墙（柱）顶以上形成的集中荷载；

　　　　q_1、q_2——两侧墙（柱）上的均布荷载；

　　　　H——排架计算高度。

在竖向荷载作用下，屋盖荷载一般为对称荷载，不产生水平侧移，所以计算方法与弹性

方案一样。

6.5.2　刚弹性方案多层房屋的计算

多层房屋是由楼、屋盖和纵、横墙组成的空间承重体系，除了在纵向各开间之间存在空间作用外，各层之间也存在相互制约的空间作用。

在水平风荷载作用下，刚弹性方案多层房屋墙柱的内力分析可仿照单层刚弹性方案房屋，考虑空间性能影响系数 η_i，取多层房屋的一个开间为计算单元作为平面计算简图，见图 6-21，按下述步骤进行：

（1）在平面计算简图的多层横梁与柱连接处加上一水平链杆，计算其在水平荷载作用下无侧移的内力和各支杆的反力 $R_i(i=1, 2, \cdots, n)$，见图 6-21（b）。

（2）考虑房屋的空间作用，将支杆反力 R_i 乘以 η_i 反向施加于节点上，计算出墙（柱）的内力，见图 6-21（c）。

（3）叠加上述两种情况下的内力，即可得到墙（柱）的内力。

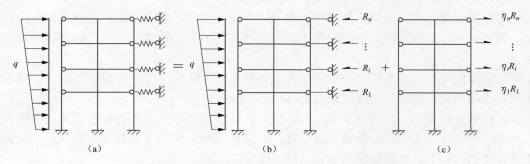

图 6-21　刚弹性方案多层房屋的内力计算简图

6.6　砌体结构房屋的构造措施

砌体结构房屋结构设计时，不仅要求墙、柱具有足够的承载力，而且要求房屋具有良好的工作性能。因此，砌体结构房屋还要满足一定的构造措施。砌体结构房屋的构造措施主要包括三个方面：墙柱的高厚比验算；墙柱的一般构造要求；防止或减轻墙体开裂的主要措施。

6.6.1　墙、柱的高厚比

墙、柱的计算高度和规定厚度的比值称为高厚比，规定厚度对墙可取墙体厚度，对柱可取柱对应的截面边长，对带壁柱的墙根据计算要求确定。墙、柱的高厚比过大，虽然强度没有问题，但是可能产生倾斜、鼓肚等现象。除了在混合结构房屋中应进行墙柱的高厚比计算外，对于框架结构的填充墙体，一般采用砌体砌筑。当层高较大时，填充墙应进行高厚比验算，当验算不满足时，应采取设置拉结梁、构造柱等措施。此外，墙体的高厚比太大还可能因振动等原因产生不应有的危险，影响结构的整体稳定。因此，进行墙体设计时必须限制其高厚比，保证墙体具有必要的稳定性和刚度。

1.　墙、柱的允许高厚比

允许高厚比的限值 $[\beta]$ 主要是根据实践经验确定的，它反映了在一定时期材料的质量和施工的水平。《砌体规范》给出了不同砂浆等级砌筑砌体的允许高厚比限值 $[\beta]$，见表 6-5。

表 6-5   墙、柱的允许高厚比 $[\beta]$

砌体类型	砂浆强度等级	墙	柱
无筋砌体	M2.5	22	15
	M5.0 或 Mb5.0、Ms5.0	24	16
	≥M7.5 或 Mb7.5、Ms7.5	26	17
配筋砌块砌体	—	30	21

注　1. 毛石墙、柱的允许高厚比应按表中数值降低 20%。
　　2. 带有混凝土或砂浆面层的组合砖砌体构件的允许高厚比，可按表中数值提高 20%，但不得大于 28。
　　3. 验算施工阶段砂浆尚未硬化的新砌砌体构件高厚比时，允许高厚比对墙取 14，对柱取 11。

2. 影响高厚比的因素

影响墙、柱高厚比的因素主要有以下几个方面：

（1）砂浆强度等级。砂浆强度直接影响砌体的弹性模量，而砌体的弹性模量影响砌体的刚度，因此，砂浆的强度等级是影响允许高厚比的主要因素。砂浆强度等级越高，允许高厚比越大。

（2）横墙间距。横墙间距越小，墙体的稳定性和刚度越好，允许的高厚比越大。横墙间距的影响反映在墙、柱的计算高度取值上。

（3）构造支承条件。刚性方案时墙、柱的允许高厚比比弹性和刚弹性方案墙、柱的允许高厚比大。因为刚性方案房屋的墙、柱在楼、屋盖处的约束作用大，稳定性好。这一因素的影响反映在墙、柱的计算高度取值上。

（4）砌体的截面形式。截面惯性矩越大，越不容易丧失稳定。当墙体上开有门窗洞口时，允许高厚比降低，这一因素用允许高厚比修正系数来体现。

（5）构件的重要性和房屋使用情况。房屋中的次要构件，如非承重墙，允许高厚比可适当提高；对使用时有振动要求的房屋，应适当降低。

3. 高厚比的验算

（1）一般墙、柱的高厚比验算公式

$$\beta = \frac{H_0}{h} \leqslant \mu_1 \mu_2 [\beta] \tag{6-22}$$

$$\mu_2 = 1 - 0.4 \frac{b_s}{s} \tag{6-23}$$

式中　$[\beta]$——墙、柱的允许高厚比，按表 6-5 选用。

　　　H_0——墙、柱的计算高度，按表 6-3 选用。

　　　h——墙厚或矩形截面柱与 H_0 对应的边长。

　　　μ_1——自承重墙允许高厚比的修正系数，$h=240\text{mm}$ 时，$\mu_1=1.2$；$h=90\text{mm}$ 时，$\mu_1=1.5$；$90\text{mm}<h<240\text{mm}$ 时 μ_1 可按线性插入法取值，即上端为自由端墙的 $[\beta]$ 值，除按上述规定提高外，还可提高 30%；对厚度小于 90mm 的墙，当双面采用不低于 M10 的水泥砂浆抹面，包括抹面层的墙厚不小于 90mm 时，可按墙厚等于 90mm 验算高厚比。

　　　μ_2——有门窗洞口墙高厚比的修正系数，按式（6-23）确定，当计算的 μ_2 值小于

0.7 时取 0.7，当洞口高度等于或小于墙高的 1/5 时可取 $\mu_2=1.0$，当洞口高度大于或等于楼层内墙高的 4/5 时可按独立墙段验算高厚比。

$\quad b_s$——在宽度 s 范围内的门窗洞口总宽度。

$\quad s$——相邻窗间墙或壁柱之间的距离。

当与墙连接的相邻两墙间的距离 $s \leqslant \mu_1\mu_2[\beta]h$ 时，墙的高度可不受高厚比公式限制；变截面柱的高厚比可按上、下截面分别验算，其计算高度查表 6-3 确定。验算上柱的高厚比时，墙、柱的允许高厚比可按表 6-5 的数值提高 1.3 后采用。

（2）带壁柱墙的高厚比验算。带壁柱墙的高厚比验算包括两部分：整片墙的高厚比验算和壁柱间墙的高厚比验算。

1）整片墙的高厚比验算公式

$$\beta=\frac{H_0}{h_T}\leqslant \mu_1\mu_2[\beta]$$
$$h_T=3.5i$$
$$i=\sqrt{\frac{I}{A}}\tag{6-24}$$

式中　H_0——墙、柱的计算高度，按表 6-3 选用；

$\quad h_T$——带壁柱墙截面的折算厚度；

$\quad i$——带壁柱墙截面的回转半径；

I、A——带壁柱墙截面的惯性矩和截面面积。

在计算带壁柱墙的截面几何参数时，截面翼缘宽度取值规定见 6.3 节。

2）壁柱间墙的高厚比验算。壁柱间墙的高厚比验算时仍然按照式（6-22）计算，此时，壁柱视为壁柱间墙的不动铰支点，因此，在查表 6-3 确定计算高度 H_0 时，s 取相邻壁柱间距。

（3）带构造柱墙的高厚比验算。对于设置构造柱的墙可按下列规定验算高厚比：

1）整片墙的高厚比验算。考虑设置构造柱后的有利作用，当构造柱的截面宽度不小于墙厚时，可将墙的允许高厚比 $[\beta]$ 乘以系数 μ_c，即

$$\beta=\frac{H_0}{h_T}\leqslant \mu_1\mu_2\mu_c[\beta]\tag{6-25}$$

$$\mu_c=1+\gamma\times\frac{b_c}{l}\tag{6-26}$$

式中　μ_c——带构造柱墙允许高厚比 $[\beta]$ 的修正系数，按式（6-26）取用；

$\quad \gamma$——系数，细料石砌体 $\gamma=0$，混凝土砌块、混凝土多孔砖、粗料石、毛料石及毛石砌体 $\gamma=1.0$，其他砌体 $\gamma=1.5$；

$\quad b_c$——构造柱沿墙长方向的宽度；

$\quad l$——构造柱的间距。

当 $b_c/l>0.25$ 时，取 $b_c/l=0.25$；当 $b_c/l<0.05$ 时，取 $b_c/l=0$。

考虑构造柱有利作用的高厚比验算不适用于施工阶段。

2）构造柱间墙的高厚比验算。构造柱间墙的高厚比验算仍然按式（6-22）进行，此时，构造柱视为构造柱间墙的不动铰支点，因此，在查表 6-3 确定计算高度 H_0 时，s 取相邻构造柱间距。

　　砌体结构墙中设置壁柱和构造柱可提高墙体使用阶段的稳定性和刚度，当壁柱间墙、构造柱间墙较薄、较高以至于壁柱间墙、构造柱间墙高厚比验算不满足时，可在墙高范围内设置钢筋混凝土圈梁，当 $b/s \geqslant 1/30$（b 为圈梁的宽度，s 为相邻壁柱间距、构造柱距）时，该圈梁可以作为壁柱间墙的不动铰支点。此时，墙体高度可取至圈梁底面。当壁柱间距、构造柱间距较大，圈梁宽度有限，不能满足上述要求时，可按等刚度原则增加圈梁高度。

　　【例 6-1】 已知某单层厂房，平面、侧立面如图 6-22 所示。厂房长 48m，宽 18m，层高 4.2m，采用大型预制钢筋混凝土屋面板，纵墙、山墙均承重，墙体采用 MU15 普通烧结黏土砖、M5 混合砂浆砌筑。试验算纵墙、山墙的高厚比。

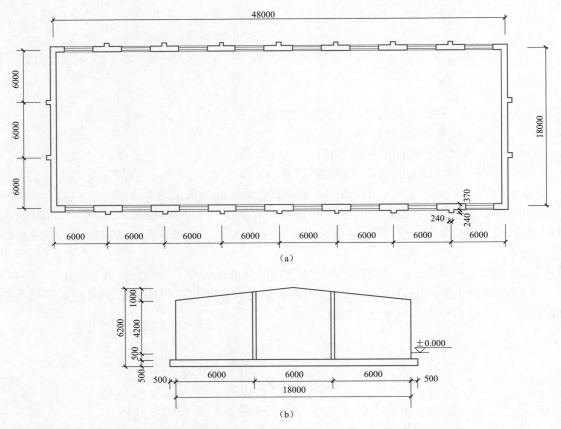

图 6-22　[例 6-1] 图（单层厂房平面、侧立面图）

(a) 平面图；(b) 侧立面图

　　解　（1）确定房屋静力计算方案。

　　本厂房采用装配式钢筋混凝土屋盖，横墙间距 $s=48$m，满足 32m$<s=$48m$<$72m，查表 6-2 知，属于刚弹性方案房屋。

　　（2）纵墙高厚比验算。

　　1）翼缘宽度 b_{f} 的取值。单层房屋，带壁柱墙体翼缘宽度 b_{f}，取壁柱加墙高的 2/3，不大于窗间墙间距，不大于壁柱间距，即

$$b_f = 240mm + \frac{2}{3} \times (4200mm + 500mm)$$

$$= 3373mm > 3000mm$$

所以，$b_f = 3000mm$。其中，墙体高度 $H = 4200mm +$ 500mm = 4700mm。

纵墙带壁柱墙体截面如图 6-23 所示。

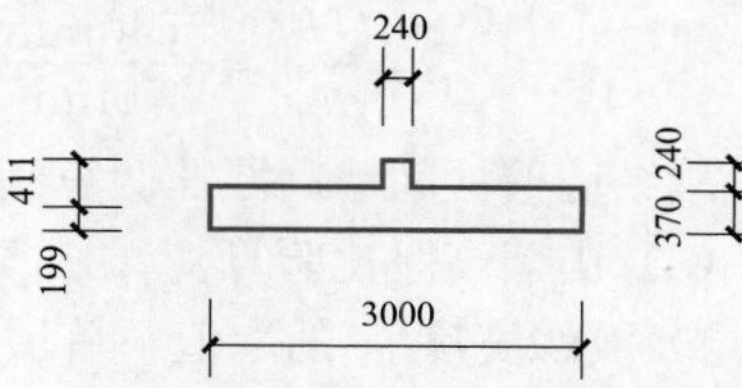

2）截面几何特性计算。

截面面积

$$A = 3000mm \times 370mm + 240mm \times 240mm = 1.17 \times 10^6 mm^2$$

截面形心位置

$$y_1 = \frac{3000 \times 370 \times 370/2 + 240 \times 240 \times (370 + 240/2)}{1.17 \times 10^6} = 199mm$$

$$y_2 = 240mm + (370mm - 199mm) = 411mm$$

惯性矩

$$I = \frac{1}{3} \times [3000mm \times (199mm)^3 + 240mm \times (411mm)^3 + (3000mm - 240mm)$$

$$\times (370mm - 199mm)^3] = 1.80 \times 10^{10} mm^4$$

回转半径

$$i = \sqrt{\frac{I}{A}} = \sqrt{\frac{1.80 \times 10^{10} mm^4}{1.17 \times 10^6 mm^2}} = 124mm$$

折算厚度

$$h_T = 3.5i = 3.5 \times 124mm = 434mm$$

3）整片墙高厚比验算。无吊车单层房屋，单跨，刚弹性方案，墙体高度为 $H = 4700mm$，计算高度 $H_0 = 1.2H = 1.2 \times 4700mm = 5640mm$。

承重墙体，$\mu_1 = 1.0$，μ_2 为

$$\mu_2 = 1 - 0.4 \frac{b_s}{s} = 1 - 0.4 \times \frac{3m}{6m} = 0.8$$

M5 砂浆，允许高厚比 $[\beta] = 24$。

$$\beta = \frac{H_0}{h_T} = \frac{5640mm}{434mm} = 12.99 < \mu_1\mu_2[\beta] = 1 \times 0.8 \times 24 = 19.2$$

故纵墙整片墙高厚比验算满足要求。

4）壁柱间墙高厚比验算。无吊车单层房屋，单跨，刚弹性方案，墙体高度 $H = 4700mm$，计算高度为

$$H_0 = 1.2H = 1.2 \times 4700mm = 5640mm$$

承重墙体，$\mu_1 = 1.0$，μ_2 为

$$\mu_2 = 1 - 0.4 \frac{b_s}{s} = 1 - 0.4 \times \frac{3m}{6m} = 0.8$$

M5 砂浆，允许高厚比 $[\beta] = 24$。

图 6-23　纵墙带壁柱墙体截面

$$\beta = \frac{H_0}{h_T} = \frac{5640\text{mm}}{370\text{mm}} = 15.24 < \mu_1\mu_2[\beta] = 1 \times 0.8 \times 24 = 19.2$$

故纵墙壁柱间墙高厚比验算满足要求。

（3）山墙高厚比验算。

1）翼缘宽度 b_f 的取值。单层房屋，带壁柱墙体翼缘宽度 b_f，取壁柱加墙高的 2/3，不大于窗间墙间距，不大于壁柱间距 6m，即

$$b_f = 240\text{mm} + \frac{2}{3} \times (4200\text{mm} + 500\text{mm} + 500\text{mm}) = 3706\text{mm} < 6000\text{mm}$$

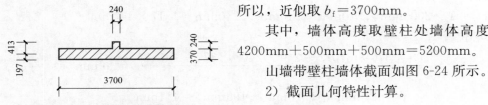

图 6-24　山墙带壁柱墙体截面

所以，近似取 $b_f = 3700\text{mm}$。

其中，墙体高度取壁柱处墙体高度，即 $H = 4200\text{mm} + 500\text{mm} + 500\text{mm} = 5200\text{mm}$。

山墙带壁柱墙体截面如图 6-24 所示。

2）截面几何特性计算。

截面面积

$$A = 3700\text{mm} \times 370\text{mm} + 240\text{mm} \times 240\text{mm} = 1.43 \times 10^6\text{mm}^2$$

截面形心位置

$$y_1 = \frac{3700 \times 370 \times 370/2 + 240 \times 240 \times (370 + 240/2)}{1.43 \times 10^6} = 197\text{mm}$$

$$y_2 = 240\text{mm} + (370\text{mm} - 197\text{mm}) = 413\text{mm}$$

惯性矩

$$I = \frac{1}{3} \times [3700\text{mm} \times (197\text{mm})^3 + 240\text{mm} \times (413\text{mm})^3 + (3700\text{mm} - 240\text{mm})$$
$$\times (370\text{mm} - 197\text{mm})^3] = 2.10 \times 10^{10}\text{mm}^4$$

回转半径

$$i = \sqrt{\frac{I}{A}} = \sqrt{\frac{2.10 \times 10^{10}\text{mm}^4}{1.43 \times 10^6\text{mm}^2}} = 120\text{mm}$$

折算厚度

$$h_T = 3.5i = 3.5 \times 120\text{mm} = 420\text{mm}$$

3）整片墙高厚比验算。无吊车单层房屋，单跨，刚弹性方案，墙体高度 $H = 5200\text{mm}$，计算高度 $H_0 = 1.2H = 1.2 \times 5200\text{mm} = 6240\text{mm}$。

承重墙体，$\mu_1 = 1.0$，$\mu_2 = 1.0$。

M5 砂浆，允许高厚比 $[\beta] = 24$。

$$\beta = \frac{H_0}{h_T} = \frac{6240\text{mm}}{420\text{mm}} = 14.86 < \mu_1\mu_2[\beta] = 1 \times 1 \times 24 = 24$$

故山墙整片墙高厚比验算满足要求。

4）壁柱间墙高厚比验算。无吊车单层房屋，单跨，刚弹性方案，墙体高度 $H = 5200\text{mm}$，计算高度 $H_0 = 1.2H = 1.2 \times 5200\text{mm} = 6240\text{mm}$。

承重墙体，$\mu_1 = 1.0$，$\mu_2 = 1.0$。

M5 砂浆，允许高厚比 $[\beta] = 24$。

$$\beta = \frac{H_0}{h_{\mathrm{T}}} = \frac{6240mm}{370mm} = 16.86 < \mu_1\mu_2[\beta] = 1 \times 1 \times 24 = 24$$

故山墙壁柱间墙高厚比验算满足要求。

6.6.2　墙、柱的一般构造要求

1. 最小截面尺寸

承重的独立砖柱，截面尺寸不应小于 240mm×370mm；毛石墙的厚度不宜小于 350mm，毛料石柱较小边长不宜小于 400mm。当有振动荷载时，墙、柱不宜采用毛石砌体。

2. 垫块设置

跨度大于 6m 的屋架和跨度大于下列数值的梁，应在支承处砌体上设置混凝土或钢筋混凝土垫块；当墙中设有圈梁时，垫块与圈梁宜浇成整体。

（1）砖砌体为 4.8m。

（2）砌块和料石砌体为 4.2m。

（3）毛石砌体为 3.9m。

3. 壁柱设置

当梁跨度大于或等于下列数值时，其支承处宜加设壁柱或采取其他加强措施：

（1）240mm 厚的砖墙为 6m；180mm 厚的砖墙为 4.8m。

（2）砌块、料石墙为 4.8m。

4. 支承和连接

（1）钢筋混凝土楼、屋面板应符合下列规定：

1）现浇钢筋混凝土楼板或屋面板伸进纵、横墙内的长度，均不应小于 120mm。

2）预制钢筋混凝土板在混凝土梁或圈梁上的支承长度不应小于 80mm；当板未直接搁置在圈梁上时，在内墙上的支承长度不应小于 100mm，在外墙上的支承长度不应小于 120mm。

3）预制钢筋混凝土板端钢筋应与支座处沿墙或圈梁配置的纵筋绑扎，应采用强度等级不低于 C25 的混凝土浇筑成板带。

4）预制钢筋混凝土板与现浇板对接时，预制板端钢筋应与现浇板可靠连接。

5）当预制钢筋混凝土板的跨度大于 4.8m 并于外墙平行时，靠外墙的预制板侧边应与墙或圈梁拉结。

6）钢筋混凝土预制板应相互拉结，并应于梁、墙或圈梁拉结。

（2）墙体转角处和纵横墙交接处应沿竖向每隔 400～500mm 设拉结钢筋，其数量为每 120mm 墙厚不少于 1 根直径 6mm 的钢筋，或采用焊接钢筋网片，埋入长度从墙的转角或交接处算起，对实心砖墙每边不小于 500mm，对多孔砖墙和砌块墙不小于 700mm。

（3）填充墙、隔墙应分别采取措施与周边主体结构构件可靠连接，连接构造和填缝材料能满足传力、变形、耐久和防护要求。

（4）在砌体中留槽洞及埋设管道时，应遵守下列规定：

1）不应在截面长边小于 500mm 的承重墙体、独立柱内埋设管线。

2）不宜在墙体中穿行暗线或预留、开凿沟槽，当无法避免时应采取必要的措施或按削弱后的截面验算墙体的承载力。

3）对受力较小或未灌孔的砌块砌体，允许在墙体的竖向孔洞内设置管线。

（5）支承在墙、柱上的吊车梁、屋架及跨度大于或等于下列数值的预制梁的端部，应采

用锚固件与墙、柱上的垫块锚固：

  1）对砖砌体为 9m。

  2）对砌块和料石砌体为 7.2m。

  （6）山墙处的壁柱或构造柱宜砌至山墙顶部，且屋面构件应与山墙可靠拉结。

  5．混凝土砌块砌体墙体的构造要求

  （1）砌块砌体应分皮错缝搭砌，上下皮搭砌长度不应小于 90mm。当搭砌长度不满足上述要求时，应在水平灰缝内设置不小于 $2\Phi4$ 的焊接钢筋网片，网片每端应伸出该垂直缝不小于 300mm。

  （2）砌块墙与后砌隔墙交接处，应沿墙高每 400mm 在水平灰缝内设置不少于 $2\Phi4$、横向钢筋的间距不应大于 200mm 的焊接钢筋网片，见图 6-25。

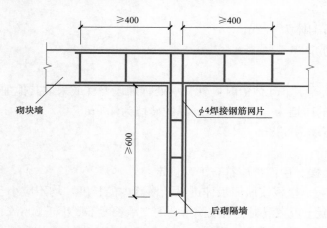

图 6-25　砌块墙与后砌隔墙交接处钢筋网片

  （3）混凝土砌块房屋，宜将纵横墙交接处，距墙中心线每边不小于 300mm 范围内的孔洞，采用不低于 Cb20 的混凝土沿全高灌实。

  （4）混凝土砌块墙体的下列部位，如未设置圈梁或混凝土垫块，应采用不低于 Cb20 的混凝土将孔洞灌实：

  1）格栅、檩条和钢筋混凝土楼板的支承面下，高度小于 200mm 的砌体。

  2）屋架、梁等构件的支承面下，长度不应小于 600mm，高度不应小于 600mm 的砌体。

  3）挑梁支承面下，距墙中心线每边不应小于 300mm，高度不应小于 600mm 的砌体。

6.6.3　框架填充墙

  基于以往历次大地震，尤其是汶川地震的震害情况表明，框架（含框剪）结构填充墙均遭到不同程度破坏，有的损害甚至超出了主体结构，导致不必要的经济损失，尤其高级装饰条件下的高层建筑的损失更为严重。同样也曾发生过受较大水平风荷的作用而导致墙体毁坏并殃及地面建筑、行人的案例，防止或减轻这类填充墙体震害级强风作用的设计与构造措施已成为工程界的急需和共识。关于框架填充墙的地震作用计算可参考《建筑抗震设计规范》（GB 50011—2010），在此主要讲述框架填充墙的构造要求。

  （1）在正常使用和正常维护条件下，填充墙的使用年限宜与主体结构相同，结构的安全等级可按二级考虑。

（2）填充墙的构造设计，应符合下列规定：

1）填充墙宜选用轻质块体材料，其强度等级应符合自承重墙体的材料选用规定。

2）填充墙砌筑砂浆的强度等级不宜低于 M5（Mb5、Ms5）。

3）填充墙墙体厚度不应小于 90mm。

4）用于填充墙的夹芯复合砌块，其两页块体之间应有拉结。

（3）填充墙与框架的连接可根据设计要求采用脱开或不脱开的方法。有抗震设防要求时，宜采用填充墙与框架脱开的方法。

1）当填充墙与框架采用脱开的方法时，宜符合下列规定：

① 填充墙两端与框架柱、填充墙顶面与框架梁之间留出不小于 20mm 的间隙。

② 填充墙端部应设置构造柱，柱间距宜大于 20 倍墙厚，且不宜大于 4000mm，柱宽度不小于 10mm。柱竖向钢筋不宜小于 Φ10，箍筋宜为 Φ^R5，竖向间距不宜大于 400mm。竖向钢筋与框架梁或其他挑出部分的预埋件或预留钢筋连接，绑扎接头时不小于 $30d$，焊接时（单面焊）不小于 $10d$（d 为钢筋直径）。柱顶与框架梁（板）顶预留不小于 15mm 的缝隙，用硅酮胶或其他弹性密封材料封缝。当填充墙有宽度大于 2100mm 的洞口时，洞口两侧应加上宽度不小于 50mm 的单筋混凝土柱。

③ 填充墙两端宜卡入设在梁、板底及柱侧的卡口铁件内，墙侧卡口板的竖向间距不宜大于 500mm，墙顶卡口板的水平间距不宜大于 1500mm。

④ 墙体高度超过 4m 时，宜在墙高中部设置与柱连通的水平系梁。水平系梁的截面高度不宜小于 60mm，填充墙高不宜大于 6m。

⑤ 填充墙与框架柱、梁的缝隙可采用聚苯乙烯泡沫塑料板条或聚氨酯发泡材料填充，并用硅酮胶或其他弹性密封材料封缝。

⑥ 所有连接用钢筋、金属配件、铁件、预埋件等均应作防腐防锈处理，并符合《砌体结构设计规范》中耐久性的规定。嵌缝材料应能满足变形和防护要求。

2）当填充墙与框架采用不脱开的方法时，宜符合下列规定：

① 沿柱高每隔 500mm 配置 2 根直径 6mm 的拉结钢筋（墙厚大于 240mm 时配置 3 根直径 6mm 钢筋）伸入填充墙长度不宜小于 700mm，且拉结钢筋应错开截断，相距不宜小于 200mm。填充墙墙顶应与框架梁紧密结合，顶面与上部结构接触处用一皮砖或配砖斜砌楔紧。

② 当填充墙有洞口时，宜在窗洞口的上端或下端、门洞口的上端设置钢筋混凝土带，钢筋混凝土带应与过梁的钢筋混凝土同时浇筑，其过梁的断面及配筋由设计确定。钢筋混凝土带的混凝土强度等级不小于 C20，当有洞口的填充墙尽端至门窗洞口边距离小于 240mm 时，宜采用钢筋混凝土门窗框。

③ 填充墙长度超过 5m 或墙长大于二倍层高时，墙顶与梁宜有拉结措施，墙体中部应加设构造柱；墙高度超过 4m 时，宜在墙高中部设置与柱连接的水平系梁，墙高超过 6m 时，宜沿墙高每 2m 设置与柱连接的水平系梁，梁的截面高度不小于 60mm。

6.6.4　夹心墙

为适应我国建筑节能要求，作为高效节能墙体的多叶墙，即夹芯墙，目前已经得到了企业和科研工作者广泛地研究。夹芯墙通过内、外两叶墙体内夹保温材料，并通过连接件连接而成。夹芯墙可以用作承重墙体，也可以作为非承重墙体。关于夹芯墙的构造形式可由设计者进行设计研发，内、外叶墙和连接件的构造要求参见《砌体结构设计规范》。

6.6.5 防止或减轻墙体开裂的主要措施

砌体结构房屋的墙体产生裂缝的原因很多，除了设计质量、材料质量、施工质量达不到要求等内在因素以外，主要有：①由于温度和收缩变形引起的墙体裂缝；②由于地基不均匀沉降产生的墙体裂缝。因此在砌体结构房屋设计时，应采取相应的有效措施防止或减轻墙体裂缝的产生。

1. 开裂原因

（1）温度和收缩变形引起。钢筋混凝土和砌体材料二者之间的线膨胀系数有很大的差异，钢筋混凝土的线膨胀系数 $\alpha=(1.0\sim1.4)\times10^{-5}$，砖石砌体的线膨胀系数 $\alpha=(0.5\sim0.8)\times10^{-5}$，因此在房屋的顶层，屋盖和墙体之间除存在 $10\sim15℃$ 的温差外，即使在相同温差下，混凝土构件的变形比砖墙的变形也要大一倍以上，屋盖与墙体之间的变形不协调而引起了墙体开裂；另外，对于混凝土砌块、灰砂砖、粉煤灰砖等非烧结砌块墙体，收缩变形较大，而且持续时间较长，因此在非顶层也存在不同程度的裂缝。

（2）地基不均匀沉降引起。当房屋较长、地基土不均匀、土质较软或房屋高差较大、荷载分布不均匀时，砌体结构房屋都有可能产生不均匀沉降，在墙体中产生附加应力，引起开裂。一般地，建筑物的下列部位宜设置沉降缝，以减小不均匀沉降引起的裂缝。

建筑平面的转折部位有：①高度差异（或荷载差异）的较大处；②长高比过大的砌体结构或钢筋混凝土框架结构适当部位；③地基土的压缩性有显著差异处；④建筑结构（或基础）的类型不同处；⑤分期建造房屋的交界处。

2. 开裂部位

砌体结构房屋裂缝出现部位：在房屋的高度、重量、刚度有较大变化处；地质条件剧变处；基础底面或埋深变化处；房屋平面形状复杂的转角处；整体式屋盖或装配式屋盖房屋顶层的墙体；门窗洞口对角线处等。温度和收缩变形产生的房屋裂缝如图 6-26 所示，由房屋错层引起的墙体裂缝如图 6-27 所示，由地基不均匀沉降引起的裂缝如图 6-28 所示。

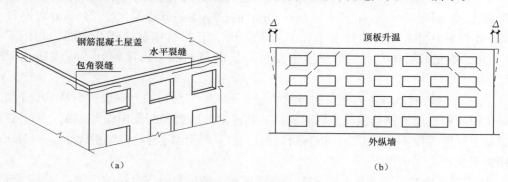

图 6-26 温度和收缩变形产生的裂缝
(a) 屋顶下面外墙裂缝；(b) 外纵墙洞口对角线裂缝

3. 防止墙体开裂的主要措施

砌体结构房屋开裂的因素很多，而且裂缝的出现往往是由多个因素共同引起的，因此裂缝的防治也是多方面的、综合的。

（1）设置伸缩缝。为了防止或减轻房屋在正常使用条件下，由温差和砌体干缩引起的墙体竖向裂缝，应在墙体中设置伸缩缝。伸缩缝应设在因温度和收缩变形可能引起应力集中、砌体产生裂缝可能性最大的地方。伸缩缝的间距可按表 6-6 采用。

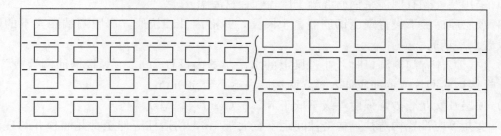

图 6-27　房屋错层引起的墙体裂缝

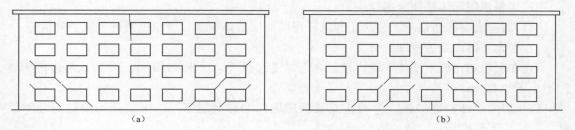

(a)　　　　　　　　　　　　　　　　　　(b)

图 6-28　由于地基不均匀沉降引起的裂缝

(a) 两端地基沉降较中间大产生的裂缝；(b) 中间地基沉降较两端大产生的裂缝

表 6-6　　　　　　　　　　　　砌体房屋伸缩缝的最大间距　　　　　　　　　　　　m

屋盖或楼盖类别		间距
整体式或装配整体式钢筋混凝土结构	有保温层或隔热层的屋盖、楼盖	50
	无保温层或隔热层的屋盖	40
装配式无檩体系钢筋混凝土结构	有保温层或隔热层的屋盖、楼盖	60
	无保温层或隔热层的屋盖	50
装配式有檩体系钢筋混凝土结构	有保温层或隔热层的屋盖	75
	无保温层或隔热层的屋盖	60
瓦材屋盖、木屋盖后楼盖、轻钢屋盖		100

注　1. 对烧结普通砖、烧结多孔砖、配筋砌块砌体房屋，取表中的数值；对石砌体、蒸压灰砂普通砖、蒸压粉煤灰普通砖、混凝土砌块、混凝土普通砖和混凝土多孔砖房屋，取表中数值乘以 0.8 的系数，当墙体有可靠外保温措施时，其间距可取表中数值。
　　2. 在钢筋混凝土屋面上挂瓦的屋盖应按钢筋混凝土屋盖采用。
　　3. 层高大于 5m 的烧结普通砖、烧结多孔砖、配筋砌块砌体结构单层房屋，其伸缩缝间距可按表中数值乘以 1.3。
　　4. 温差较大且变化频繁地区和严寒地区不采暖的房屋及构筑物墙体的伸缩缝的最大间距，应按表中的数值予以适当减小。
　　5. 墙体的伸缩缝应与结构的其他变形缝相重合，缝宽度应满足各种变形缝的变形要求；在进行立面处理时，必须保证缝隙的变形作用。

（2）房屋顶层构造措施。房屋顶层墙体，宜根据情况采取下列构造措施，以减轻墙体裂缝。

1）屋面应设置保温、隔热层。

2）屋面保温（隔热）层或屋面刚性面层及砂浆找平层应设置分隔缝，分隔缝间距不宜大于 6m，其缝宽不小于 30mm，并与女儿墙隔开。

3）采用装配式有檩体系钢筋混凝土屋盖和瓦材屋盖。

4）顶层屋面板下设置现浇钢筋混凝土圈梁，并沿内外墙拉通，房屋两端圈梁下的墙体内宜设置水平钢筋。

5）顶层墙体有门窗洞口时，在过梁上的水平灰缝内设置 2～3 道焊接钢筋网片或 2Φ6 钢筋，焊接钢筋网片或钢筋应伸入过梁两端墙内不小于 600mm。

6）顶层及女儿墙砂浆强度等级不低于 M7.5（Mb7.5、Ms7.5）。

7）女儿墙应设置构造柱，构造柱间距不宜大于 4m，构造柱应伸至女儿墙顶并与现浇钢筋混凝土压顶整浇在一起。

8）房屋顶层墙体施加竖向预应力。

（3）**房屋底层构造措施。**为防止和减轻房屋底层墙体裂缝，可根据情况采取下列措施：

1）增大基础圈梁的刚度。

2）在底层的窗台下墙体灰缝内设置 3 道焊接钢筋网片或 2Φ6 钢筋，并伸入两边窗间墙内不小于 600mm。

（4）**房屋端部构造措施。**为防止或减轻房屋两端和底层第一、第二开间门窗洞处的裂缝，可采取下列措施：

1）在顶层和底层设置通长钢筋混凝土窗台梁，窗台梁的高度宜为块高的模数，纵筋不少于 4Φ10、箍筋 Φ6@200，混凝土强度等级不低于 C20。

2）在门窗洞口两边的墙体的水平灰缝中，设置长度不小于 900mm、竖向间距为 Φ6 的焊接钢筋网片。

3）在混凝土砌块房屋门窗洞口两侧不少于一个孔洞中设置不小于 1Φ12 的竖向钢筋，钢筋应在楼层圈梁或基础锚固，并采用不低于 Cb20 的混凝土将孔洞灌实。

（5）**其他构造措施。**根据工程经验，为防止或减轻墙体开裂，还可采用如下一些措施：

1）墙体转角处和纵横墙交接处宜沿竖向每隔 400～500mm 设拉结钢筋，其数量为每 120mm 墙厚不少于 1Φ6 或焊接钢筋网片，埋入长度从墙的转角或交接处算起，每边不小于 600mm。

2）在各层门、窗过梁上方的水平灰缝内及窗台下第一和第二道水平灰缝内，宜设置焊接钢筋网片或 2Φ6 钢筋，焊接钢筋网片或钢筋应伸入两边窗间墙内不小于 600mm。

3）当墙长大于 5m 时，宜在每层墙高度中部设置 2～3 道焊接钢筋网片或 3Φ6 的通长水平钢筋，竖向间距为 500mm。

4）填充墙砌体与梁、柱或混凝土墙体结合的界面处（包括内、外墙），宜在粉刷前设置钢丝网片，网片宽度可取 400mm，并沿界面缝两侧各延伸 200mm，或采取其他有效的防裂、盖缝措施。

5）当房屋刚度较大时，可在窗台下或窗台角处墙体内、在墙体高度或厚度突然变化处设置竖向控制缝。竖向控制缝的宽度不宜小于 25mm，缝内填以压缩性能好的填充材料，且外部用密封材料密封，并采用不吸水的、闭孔发泡聚乙烯实心圆棒（背衬）作为密封膏的隔离物，见图 6-29。

6）对防裂要求高的墙体，可根据情况采取专门措施。

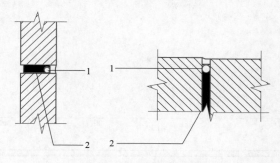

图 6-29　控制缝构造

1—不吸水的、闭孔发泡聚乙烯实心圆棒；2—柔软、可压缩的填充物

6.7　多层砌体结构房屋墙体计算实例

某中学教学楼，标准层建筑局部平面和部分结构布置如图 6-30 所示，墙身剖面及楼屋面做法如图 6-31 所示。外墙采用 370mm 基材外加 100mm 厚 EPS 保温板，内纵墙厚 370mm，内横墙 240mm，均采用煤矸石烧结承重多孔砖，墙面及两侧抹灰均为 20mm 厚混合砂浆，现浇钢筋混凝土楼、屋盖，施工质量控制等级为 B 级。试验算外纵墙的承载力。

6.7.1　材料选用

混凝土：房屋中楼板、梁、构造柱、圈梁、灌孔、坐浆等混凝土采用 C25。

钢筋：除受力构件纵向钢筋外，其他钢筋采用 HPB300 级。

砌块：采用煤矸石烧结承重多孔砖，强度等级为 MU20。

砂浆：第一层采用混合砂浆 M10，二层以上采用 M7.5，±0.00 以下采用水泥砂浆。

6.7.2　确定结构构造方案和计算单元

（1）构造方案。刚性横墙最大间距 $s=9.0$m 小于《砌体结构设计规范》规定的刚性方案要求的最大距离 $s_{max}=32$m，故属于刚性方案。

（2）计算单元。教室结构布置如图 6-30 中⑥-⑩轴所示，其余略。

在房屋层数、墙体所用材料的材料种类、材料强度、楼面（屋面）荷载均相同的情况下，外纵墙最不利计算位置可根据墙体的负载面积与其截面面积的比值来判断。

由表 6-7 可以看出，取 A 轴上⑧-⑩轴之间长度为 1200mm 的墙垛（$A/l=12$）作为最不利位置进行计算。

6.7.3　荷载收集

1. 屋盖荷载

4 厚 SBS 改性沥青上铺绿豆砂防水层：0.30kN/m²；

20 厚水泥砂浆找平层：0.40kN/m²；

平均 150 厚 1：10 水泥珍珠岩找坡：0.52kN/m²；

80 厚阻燃聚苯乙烯泡沫塑料保温板：0.04kN/m²；

20 厚水泥砂浆找平层：0.40kN/m²；

4 厚 SBS 改性沥青隔气层：0.05kN/m²；

100 厚现浇钢筋混凝土屋面板：2.50kN/m²；

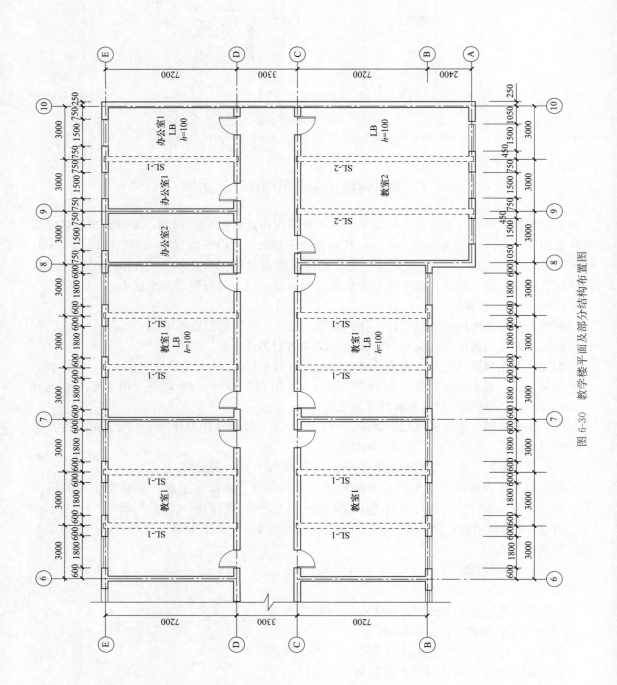

图 6-30　教学楼平面及部分结构布置图

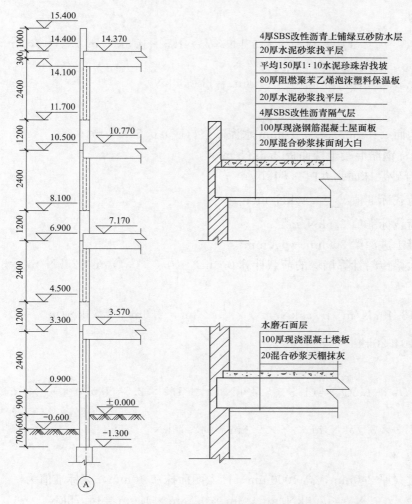

图 6-31　墙身剖面及楼、屋面做法构造

表 6-7　　　　　　　　　　　　　　　最不利窗间墙垛的选择

墙垛长度（mm）	1200		1350	1500
A 负载面积（m²×m）	3×3.6	3×4.8	3×3.6	3×3.6
A/l	9	12	8	7.2

20 厚混合砂浆抹面刮大白：0.34kN/m²；

屋盖永久荷载标准值：$\sum$ 4.55kN/m²；

屋盖活荷载标准值：0.50kN/m²。

钢筋混凝土进深梁 300mm×600mm，则由屋盖大梁传给计算墙垛的荷载：

$$0.3m \times (0.6-0.1)m \times 25kN/m^3 = 3.75kN/m$$

标准值为

$$N_{1k} = (4.55kN/m^2 + 0.5kN/m^2) \times \frac{1}{2} \times 3m \times 9.6m + 3.75kN/m \times \frac{1}{2} \times 9.6m$$

$$= 90.72kN$$

设计值为

$$N_1 = 1.3G_K + 1.5Q_K = (1.3 \times 4.55\text{kN/m}^2 + 1.5 \times 0.5\text{kN/m}^2) \times \frac{1}{2} \times 3\text{m} \times 9.6\text{m}$$

$$+ 1.3 \times 3.75\text{kN/m} \times \frac{1}{2} \times 9.6\text{m} = 119.38\text{kN}$$

2. 楼面荷载

水磨石地面（10mm 面层，20mm 水泥砂浆打底）0.65kN/m²；

100 厚现浇钢筋混凝土楼面板 2.5kN/m²；

20 厚混合砂浆抹面刮大白 0.34kN/m²；

楼面恒荷载标准值 $\sum$ 3.49kN/m²；

楼面活荷载标准值 2.5kN/m²。

钢筋混凝土进深梁 300mm×600mm

由楼面大梁传给计算墙垛的荷载计算 0.3m×（0.6-0.1）m×25kN/m³=3.75kN/m

标准值

$$N_{2k} = (3.49\text{kN/m}^2 + 2.5\text{kN/m}^2) \times \frac{1}{2} \times 3\text{m} \times 9.6\text{m} + 3.75\text{kN/m} \times \frac{1}{2} \times 9.6\text{m}$$

$$= 104.26\text{kN}$$

设计值

$$N_2 = 1.3G_K + 1.5Q_K = (1.3 \times 3.49\text{kN/m}^2 + 1.5 \times 2.5\text{kN/m}^2) \times \frac{1}{2} \times 3\text{m} \times 9.6\text{m}$$

$$+ 1.3 \times 3.75\text{kN/m} \times \frac{1}{2} \times 9.6\text{m} = 142.73\text{kN}$$

3. 墙体荷载

女儿墙重（厚 240mm，高 1000mm）计入两面抹灰 40mm，其标准值为

$$N_{3k} = 17.6\text{kN/m}^3 \times 3\text{m} \times 0.28\text{m} \times 1.0\text{m} = 14.78\text{kN}$$

设计值

$$1.3 \times 14.78\text{kN} = 19.21\text{kN}$$

女儿墙根部至计算截面（即进深梁底面）高度范围内的墙体厚 370mm，其自重标准值为

17.6kN/m³×3m×0.41m×0.6m-1.5×0.3×0.41×17.6+1.5×0.3×0.4=9.96kN

设计值

$$1.3 \times 9.96\text{kN} = 12.95\text{kN}$$

计算每层墙体自重时，应扣除窗口面积，加上窗自重，墙体厚度考虑两面抹灰增加 40mm 一并计算。塑钢玻璃窗自重标准值按 0.4kN/m² 计算。

对 2、3、4 层墙体厚 370mm，计算高度 3.6m，自重标准值为

$$(0.37\text{m} + 0.04\text{m}) \times (3.6\text{m} \times 3.0\text{m} - 1.5\text{m} \times 2.4\text{m}) \times 17.6\text{kN/m}^3 +$$

$$1.5\text{m} \times 2.4\text{m} \times 0.4\text{m} = 53.40\text{kN}$$

设计值

$$1.3 \times 53.40\text{kN} = 69.42\text{kN}$$

对 1 层墙体厚 370mm，计算高度取至基础顶面，见图 6-32，则底层楼层高度为 4.9m，自重标准值为

$$(0.37m + 0.04m) \times (4.3m \times 3.0m - 1.5m \times 2.4m) \times 17.6kN/m^3 +$$
$$1.5m \times 2.4m \times 0.4m = 68.55kN$$

设计值

$$1.3 \times 68.55kN = 89.12kN$$

6.7.4　内力计算

楼盖、屋盖大梁截面为 $b \times h = 300mm \times 600mm$，梁端在外墙的支承长度为 240mm，下设 $a_b \times b_b \times t_b = 370mm \times 550mm \times 180mm$ 的刚性垫块，则梁端上表面有效支承长度采用 $a_0 = \delta_1 \sqrt{\dfrac{h_b}{f}}$（为区分墙厚，梁高记做 h_b）计算。

梁端有效支承长度计算结果列于表 6-8 中。进深梁传来荷载对外墙的偏心距 $e = \dfrac{h}{2} - 0.4a_0$，$h$ 为支承墙的厚度。

表 6-8　　　　　　　　　　　梁端有效支承长度计算

楼层	4	3	2	1
$h_b(mm)$	600	600	600	600
$f(N/mm^2)$	2.39	2.39	2.39	2.67
$N_u(kN)$	19.21	208.01	420.16	632.31
$\sigma_0(N/mm^2)$	0.043	0.468	0.946	1.424
σ_0/f	0.018	0.196	0.396	0.533
δ_1	5.427	5.694	5.994	6.599
$a_0(mm)$	86.0	90.2	95.0	98.9

外纵墙的计算面积为窗间墙垛的面积 $A = 1200mm \times 370mm$。墙体在竖向荷载作用的计算模型与计算简图如图 6-32 所示。

各层 I-I（本层梁底）、IV-IV（下层梁底）截面的纵向墙体内力计算见表 6-9。

6.7.5　墙体高厚比验算

该建筑墙体最大高度为 4.9m，查表 6-3，可得 $H_0 = 0.4s + 0.2H = 0.4 \times 9m + 0.2 \times 4.9m = 4.58m$。

根据砂浆 M7.5 查表得墙柱的允许高厚比 $[\beta] = 26$，即

$$\mu_2 = 1 - 0.4\frac{b_s}{s} = 1 - 0.4 \times \frac{1500mm}{3000mm} = 0.8$$

$$\beta = \frac{H_0}{h} = \frac{4.58m}{0.37m} = 12.38 < \mu_2[\beta] = 0.8 \times 26 = 20.8$$

满足要求。

6.7.6　墙体承载力验算

每层墙体 I-I、IV-IV 截面的承载力计算见表 6-9。从表 6-9 中可以看出，各层墙体承载力均满足。

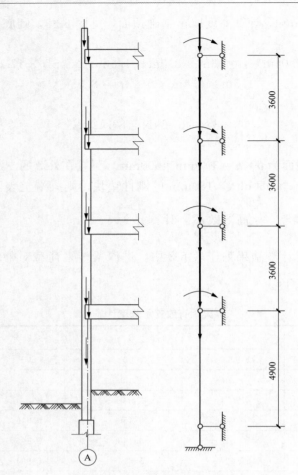

图 6-32 最不利墙体计算简图

表 6-9 纵向墙体的承载力计算表

计算项目	4		3		2		1	
	截面 I-I	截面 IV-IV	截面 I-I	截面 IV-IV	截面 I-I	截面 IV-IV	截面 I-I	截面 IV-IV
$M(\mathrm{kN \cdot m})$	16.73	0	21.26	0	20.98	0	20.76	0
$N(\mathrm{kN})$	151.54	220.96	363.69	433.11	575.84	645.26	787.99	877.11
$e(\mathrm{mm})$	111.40	0	58.46	0	36.43	0	26.35	0
$h(\mathrm{mm})$	370	370	370	370	370	370	370	370
e/h	0.298	0	0.158	0	0.098	0	0.071	0
$\beta=H_0/h$	9.73	9.73	9.73	9.73	9.73	9.73	12.38	12.38
φ	0.33	0.88	0.56	0.88	0.66	0.88	0.63	0.81
$A(\mathrm{mm}^2)$	444000	44000	444000	44000	444000	444000	444000	444000
砖 MU	20	20	20	20	20	20	20	20
砂浆 M	7.5	7.5	7.5	7.5	7.5	7.5	10	10

计算项目	4		3		2		1	
	截面 I-I	截面 IV-IV	截面 I-I	截面 IV-IV	截面 I-I	截面 IV-IV	截面 I-I	截面 IV-IV
$f(\text{N/mm}^2)$	2.39	2.39	2.39	2.39	2.39	2.39	2.67	2.67
$\varphi Af(\text{kN})$	350.2	933.8	594.2	933.8	700.4	933.8	782.4	960.2
$\varphi Af/N$	>1	>1	>1	>1	>1	>1	≈1	>1

6.7.7　砌体受压计算

以上述窗间墙第 1 层墙垛为例，墙垛截面为 370mm×1200mm，混凝土梁截面为 300mm×600mm，支承长度 $a=240$mm，根据规范要求在梁下设 $a_b×b_b×t_b=370$mm× 550mm×180mm 的混凝土垫块。根据内力计算，本层梁的支座反力为 $N_l=142.73$kN，墙 体的上部荷载 $N_u=645.26$kN。墙体采用 MU15 煤矸石烧结承重砖，M7.5、M10 混合砂浆 砌筑。

纵向墙体内力计算见表 6-10。

表 6-10　　　　　　　　　　　　纵向墙体内力计算表

楼层	上层传荷		本层楼盖荷载		截面 I-I		截面 IV-IV
	$N_u(\text{kN})$	$e_2(\text{mm})$	$N_1(\text{kN})$	$e_1(\text{mm})$	$M(\text{kN·m})$	$N_I(\text{kN})$	$N_{IV}(\text{kN})$
4	19.21（12.95）	−65（0）	119.38	150.6	16.73	151.54	220.96
3	200.96	0	142.73	148.9	21.26	363.69	433.11
2	433.11	0	142.73	147.0	20.98	575.84	645.26
1	645.26	0	142.73	145.4	20.76	787.99	877.11

$$a_0 = 98.9\text{mm}$$

$$A = (b+2h)h = (300\text{mm}+2×370\text{mm})×370\text{mm} = 384800\text{mm}^2$$

垫块面积

$$A_b = a_b×b_b = 370\text{mm}×550\text{mm} = 203500\text{mm}^2$$

计算垫块上纵向力的偏心距，取 N_l 作用点位于距墙内表面 $0.4a_0$ 处，则

$$N_0 = \sigma_0 A_b = \frac{645.26\text{kN}}{1200\text{mm}×370\text{mm}}×203500\text{mm}^2 = 295.74\text{kN}$$

$$e = \frac{142.73\text{kN}×(185\text{mm}-0.4×98.9\text{mm})}{142.73\text{kN}+295.74\text{kN}} = 47.3\text{mm}$$

$$\frac{e}{h} = \frac{47.3\text{mm}}{370\text{mm}} = 0.128$$

查表，$\beta ≤ 3$ 时，得 $\varphi = 0.834$

$$\gamma = 1+0.35\sqrt{\frac{A_0}{A_b}-1} = 1+0.35\sqrt{\frac{384800\text{mm}^2}{203500\text{mm}^2}-1} = 1.33$$

$$\gamma_1 = 0.8\gamma = 0.8×1.33 = 1.064$$

垫块下局压承载力按下列公式验算

$$N_0 + N_1 = 295.74\text{kN} + 142.73\text{kN} = 438.47\text{kN} <$$
$$\varphi\gamma_1 A_b f = 0.834 \times 1.064 \times 203500\text{mm}^2 \times 2.67\text{N/mm}^2 = 482.15\text{kN}$$

满足要求。

本工程所在地区风荷载较小，建筑高度不大，外纵墙厚度较大，风荷载对墙体产生的应力不超过竖向荷载产生应力的 5%，可不考虑风荷载的计算。下面仅对底层外墙考虑水平风荷载作用进行承载力验算。计算过程如下：

第 1 层墙体在竖向荷载作用下产生的弯矩使墙外皮受拉，在正风压作用下墙面支座处的弯矩也是使墙外皮受拉，所以可按正风压进行计算。

按照本工程所在城市基本风压为 0.3kN/m^2，风荷载体形系数为 0.8，忽略风压沿高度的变化，计算单元宽度取 3.0m，则

$$q = 0.8 \times 0.3\text{kN/m}^2 \times 3.0\text{m} = 0.72\text{kN/m}$$

底层楼层高度 $H = 4.9\text{m}$，所以由风荷载标准值引起的墙体弯矩标准值为

$$M_w = \frac{1}{12} \times 0.72\text{kN/m} \times 4.9^2\text{m}^2 = 1.44\text{kN} \cdot \text{m}$$

由竖向荷载产生的弯矩设计值为 20.76kN·m，则

$$M = 20.76\text{kN} \cdot \text{m} + 1.44\text{kN} \cdot \text{m} \times 1.5 \times 0.7 = 22.27\text{kN} \cdot \text{m}$$

$$e = \frac{M}{N} = \frac{22.27 \times 10^3\text{N} \cdot \text{mm}}{787.99\text{N}} = 28.3\text{mm}$$

$$\frac{e}{h} = \frac{28.3\text{mm}}{370\text{mm}} = 0.076, \quad \beta = 12.38, \quad 查表可得 \varphi = 0.65$$

$$\varphi A f = 0.65 \times 444000\text{mm}^2 \times 2.67\text{N/mm}^2 = 770.6 \times 10^3\text{N} = 770.6\text{kN} < 787.99\text{kN}$$

不能满足承载力设计要求，本例题中偏心距没有超过截面核心范围，即 $e/h = 0.079 < 0.17$，且构件高厚比小于 16，因此可采用网状配筋提高墙体承载力。

按照本工程位于设防烈度 6 度区，设置构造柱、圈梁、梁垫等抗震构造措施；按照现浇楼板结构计算配置受力钢筋和构造钢筋，本例题标准层结构布置见图 6-33。

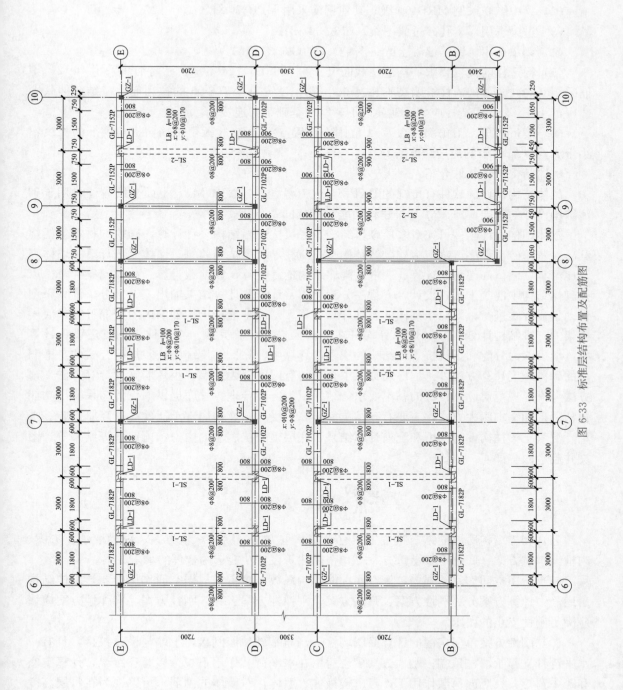

图 6-33　标准层结构布置及配筋图

图纸说明：

（1）梁、板、圈梁、构造柱混凝土为 C25。

（2）梁中纵筋采用 HRB400 级，其他钢筋采用 HPB300 级。

（3）过梁选用《多孔砖过梁图集》（13G322-2）。

（4）梁垫选用《钢筋混凝土梁垫图集》（吉 G2012-314）。

（5）构造柱的设置要求：构造柱截面尺寸为 240mm×240mm，纵向钢筋采用 4Φ12，箍筋采用 Φ6@250，构造柱沿墙高不超过 500mm，设置不少于 2Φ6 的拉结筋，拉结筋伸入墙体中不小于 1m，构造柱应伸入地面以下，宜与基础梁相连接。

（6）楼板阴角、阳角部位在 $l_1/4$ 范围内设置 5 根 Φ10 的板角钢筋，板角钢筋的长度不小于 $l_1/4$（l_1 为板的短边跨度）。

砌体结构设计软件介绍：

砌体结构设计的软件有传统的 PKPM，也有盈建科（YJK-M），下面介绍盈建科用于砌体结构设计的功能，PKPM 与盈建科功能基本相同。

砌体结构设计软件可完成多层砌体结构、底层抗震墙结构设计计算，砌块的材料包括烧结砖、蒸压砖。程序可进行多层砌体结构竖向荷载导算、抗震验算、墙体受压计算、墙体高厚比计算、墙体局部承压计算、底框抗震墙结构地震计算、风荷载计算、砌体墙梁计算，以及砌体结构中混凝土构件设计等。程序分为建模、计算和计算结果输出三大部分。计算采用自动集成方式进行，即对于砌体的各种计算验算，砌体中混凝土构件的内力配筋计算、底层框架的三维结构计算、墙梁计算等均可在一次操作中计算完成。在砌体结构抗震设计计算中，地震剪力分配和抵抗抗震墙结构的层刚度计算中，除提供传统的按照规范公式的考虑洞口的砌体刚度计算方法外，程序还提供了全新的有限元、大片墙、小片墙高度计算方法，该方法考虑了规范对砌体计算的基本要求，结果更为准确合理。程序提供的设计结果输出功能包括图形和文本两大方式，主要有砌体抗震验算、受压验算、局部承压验算、高厚比验算结果、混凝土梁柱构件的内力和配筋计算结果、底层框架抗震墙的内力和配筋计算结果等，图文并茂，内容详实。

本章小结

（1）砌体结构房屋的结构布置方案有横墙承重方案、纵墙承重方案、纵横墙承重方案、内框架承重方案、底部框架承重方案等，根据建筑设计功能选用合理的承重方案。

（2）房屋空间作用的强弱，用空间性能影响系数 η 表示。根据空间作用强弱，砌体结构房屋静力计算方案分为刚性方案、弹性方案、刚弹性方案三种。刚性方案、刚弹性方案横墙应满足刚性支点的要求。

（3）刚性方案单层房屋的计算简图墙柱下端与基础顶面刚接，上端与横梁铰接，且有一水平链杆支撑于墙柱顶端；刚性方案多层房屋在水平荷载作用下视为多跨连续梁，计算支座和跨中弯矩，在竖向荷载作用下，考虑楼板伸入墙体，对墙体的削弱，可以视为在每层高度范围内的两端铰支构件，承受本层楼板传来的荷载、上部墙体传来的荷载以及本层墙体自重，按照偏心受压构件计算。

（4）弹性方案单层房屋的计算简图墙柱下端与基础顶面刚接，上端与横梁铰接，形成有侧移的平面排架结构。多层房屋不允许设计成弹性方案。

（5）刚弹性方案的计算简图是在弹性方案的基础上，考虑空间作用，在墙柱顶部加上一个水平弹性支座。

（6）高厚比是保证墙柱整体稳定和房屋空间刚度的主要措施，分为一般矩形截面墙柱高厚比验算、带壁柱（构造柱）墙高厚比验算。带壁柱墙的高厚比验算分为整片墙的验算和壁柱（构造柱）间墙的验算。

（7）砌体房屋除应进行墙柱承载力和高厚比验算外，还应满足一般构造要求。引起墙体开裂的主要因素有温度收缩变形和地基的不均匀沉降，应按规定设置伸缩缝、圈梁、构造柱等加强措施。

思 考 题

6-1 砌体结构房屋结构布置方案有几种？各有何优缺点？

6-2 空间性能影响系数的物理意义是什么？

6-3 房屋空间静力计算方案分为几类，设计时的划分依据是什么？

6-4 分别绘制刚性、刚弹性、弹性方案单层房屋的静力计算简图。

6-5 刚性、刚弹性横墙的要求是什么？

6-6 刚性方案多层房屋在水平荷载、竖向荷载作用下的计算简图有何不同？

6-7 影响墙体高厚比的因素有哪些？

6-8 带壁柱墙高厚比验算时整片墙的验算和壁柱间墙的验算有哪些不同？

6-9 砌体结构房屋不考虑风荷载的条件有哪些？

6-10 引起墙体开裂的因素有哪些，减少措施有哪些？

习 题

6-1 某单层单跨无吊车厂房，柱距 6m，每开间设有 3m 宽的窗洞，总长度 60m，宽度 24m，屋面采用钢筋混凝土大型屋面板支承于屋架上，屋架下弦标高 5.6m，基础顶面标高 −0.6m，墙体厚度 370mm，窗间墙处设置壁柱，尺寸为 240×240mm。试验算纵墙的高厚比。

6-2 验算图 6-34 所示多层教学楼底层的纵墙、横墙、隔墙的高厚比。已知：外纵墙厚 370mm，承重墙；内纵墙及横墙厚 240mm，承重墙；底层层高 4.4m（至基础顶面）；隔墙厚 120mm，墙高 3.4m。混合砂浆 M5，钢筋混凝土楼屋盖。

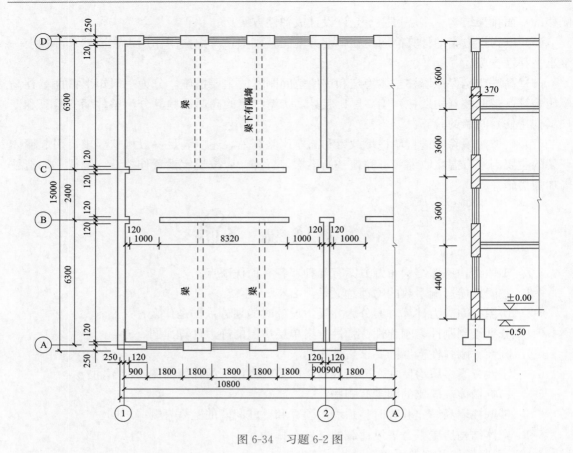

图 6-34　习题 6-2 图

第 7 章　砌体结构房屋中的其他结构构件

教学目标

1. 知识目标

（1）掌握砌体结构房屋中圈梁的作用与构造；

（2）掌握砌体结构房屋中过梁的作用与构造；

（3）掌握砌体结构房屋中挑梁的作用与构造；

（4）了解砌体结构房屋中墙梁的作用与构造。

2. 能力目标

（1）能够进行砌体结构房屋中各类结构构件的设计；

（2）能够根据工程情况采取合理的结构布置措施。

3. 素质目标

（1）通过对砌体结构中圈梁、过梁等结构构件的学习，培养学生重视构造，强化构造与计算一样重要的工程意识，进而培养学生的职业责任感和安全意识。

（2）通过对砌体结构中挑梁、墙梁等特殊构件的学习，强化工程无小事的安全意识，进而培养学生的安全意识和科学严谨精神。

7.1　圈　　梁

在砌体结构房屋中，在房屋的檐口、窗顶、楼层、吊车梁顶或基础顶面标高处，沿砌体墙水平方向设置封闭状的按构造配筋的混凝土梁式构件称为圈梁，其设置的数量和位置与建筑物的高度、层数、地基状况、受振动情况和抗震设防烈度等因素有关。

7.1.1　圈梁的作用

（1）增强房屋的整体性和空间刚度，增强纵、横墙的联结，提高房屋的整体性；作为楼盖的边缘构件，提高楼盖的水平刚度。

（2）防止地基不均匀沉降而使墙体开裂，提高墙体的抗剪、抗拉强度，设置在基础顶面部位和檐口部位的圈梁对抵抗不均匀沉降作用最为有效。当房屋中部沉降较两端大时，位于基础顶面部位的圈梁作用较大；当房屋两端沉降较中部大时，檐口部位的圈梁作用较大。

（3）减少振动作用对房屋产生的不利影响。

（4）与构造柱配合有利于提高房屋的抗震性能。

7.1.2　圈梁的设置

（1）空旷的单层房屋设置要求。厂房、仓库、食堂等空旷的单层房屋应按下列规定设置圈梁：

1）砖砌体房屋，檐口标高为 5～8m 时，应在檐口标高处设置圈梁一道；檐口标高大于 8m 时，应增加设置数量。

2）砌块及料石砌体房屋，檐口标高为 4～5m 时，应在檐口标高处设置圈梁一道；檐口标高大于 5m 时，应增加设置数量。

3）对有吊车或较大振动设备的单层工业厂房，当未采取有效的隔振措施时，除在檐口或窗顶标高处设置现浇混凝土圈梁外，尚应增加设置数量。

（2）住宅、办公楼等多层砌体结构民用房屋。

1）当层数为 3～4 层时，应在底层和檐口标高处各设置一道圈梁；当层数超过 4 层时，除应在底层和檐口标高处各设置一道圈梁外，至少应在所有纵、横墙上隔层设置。

2）采用现浇混凝土楼（屋）盖的多层砌体结构房屋，当层数超过 5 层时，除应在檐口标高处设置一道圈梁外，可隔层设置圈梁，并应与楼（屋）面板一起浇筑。未设置圈梁的楼面板嵌入墙内的长度不应小于 120mm，并沿墙长配置不少于 2 根直径为 10mm 的纵向钢筋。

（3）多层砌体工业厂房。应每层设置现浇钢筋混凝土圈梁。

（4）设置墙梁的多层砌体房屋。应在托梁、墙梁顶面和檐口标高处设置现浇钢筋混凝土圈梁。

7.1.3　圈梁的构造要求

（1）圈梁宜连续地设在同一水平面上，并形成封闭状；当圈梁被门窗洞口截断时，应在洞口上部增设相同截面的附加圈梁。附加圈梁与圈梁的搭接长度不应小于其垂直间距的 2 倍，且不得小于 1m，见图 7-1。

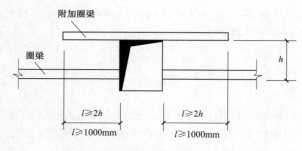

图 7-1　圈梁的搭接

（2）纵、横墙交接处的圈梁应可靠连接，见图 7-2。刚弹性和弹性方案房屋，圈梁应与屋架、大梁等构件可靠连接。

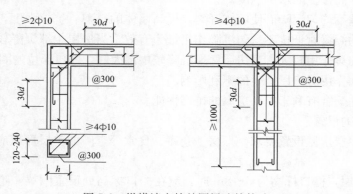

图 7-2　纵横墙交接处圈梁连接构造

（3）混凝土圈梁的宽度宜与墙厚相同，当墙厚不小于 240mm 时，其宽度不宜小于墙厚的 2/3；圈梁高度不应小于 120mm；圈梁钢筋一般按构造要求配置，纵向钢筋数量不应少于 4 根，直径不应小于 10mm，绑扎接头的搭接长度按受拉钢筋考虑，箍筋间距不应大于 300mm。

（4）圈梁兼作过梁时，过梁部分的钢筋应按计算面积另行增配。

7.2　过　　梁

设置在门窗洞口上部，用于承受门窗洞口上部墙体以及梁板传来荷载的梁称为过梁。

7.2.1　过梁的类型及适用范围

过梁按照使用材料不同分为砖砌过梁和钢筋混凝土过梁，砖砌过梁按构造不同分为砖砌平拱过梁、砖砌弧拱过梁和钢筋砖过梁等，见图 7-3。

1. 砖砌平拱过梁

将砖竖立和侧砌而成，灰缝上宽下窄，砖向两边倾斜成拱，两端下部深入墙内 20～30mm，中部起拱高度为跨度的 10%，其用竖砖砌筑部分高度不宜小于 240mm，净跨不应超过 1.2m。优点是钢筋水泥用量少，缺点是施工速度慢，洞口跨度较小，有集中荷载作用时不宜使用。

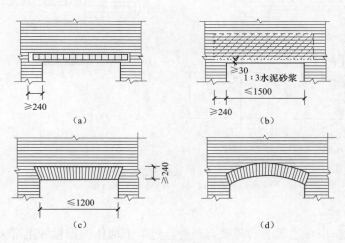

图 7-3　过梁的分类
（a）钢筋混凝土过梁；（b）钢筋砖过梁；（c）砖砌平拱过梁；（d）砖砌弧拱过梁

2. 砖砌弧拱过梁

将砖竖立和侧砌而成，灰缝上宽下窄，砖向两边倾斜成拱，其应用跨度与其矢高有关。当矢跨比在（1/12～1/8）时，跨度为 2.5～3.5m；矢跨比在（1/6～1/5）时，跨度可达 3～4m，应用范围较大。但因弧拱砌筑时需用胎模，施工复杂，目前一般应用较少，在对建筑外形有特殊要求的房屋中使用。

3. 钢筋砖过梁

在洞口顶部、过梁底面砂浆层处配置受力钢筋，抵抗弯矩产生的拉应力。钢筋砖过梁的跨度不应超过 1.5m。

以上三种砖砌过梁整体性差，对振动荷载和地基不均匀沉降反应敏感，应用中受到限制。

4. 钢筋混凝土过梁

目前应用较多的是钢筋混凝土过梁。钢筋混凝土过梁一般采用预制构件，按受弯构件设计计算，可广泛应用于洞口跨度较大、有较大振动或可能产生不均匀沉降的房屋。

7.2.2　过梁的破坏形态及承受的荷载

1. 过梁的破坏形态

过梁在荷载作用下产生弯矩和剪力。当过梁受拉区的拉应力超过材料的抗拉强度时，则在跨中受拉区出现垂直裂缝；当支座处斜截面的主拉应力超过材料的抗拉强度时，在靠近支座处出现斜裂缝，在砌体材料中表现为阶梯形斜裂缝，如图 7-4（a）所示。

砖砌平拱过梁和砖砌弧拱过梁在跨中开裂后，会产生水平推力。此水平推力由两端支座处的墙体承受。当此墙体的灰缝抗剪强度不足时，会导致支座处水平灰缝滑移破坏，如图 7-4（b）所示。

钢筋混凝土过梁的破坏形态同一般简支受弯构件。

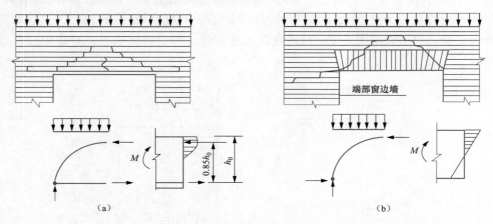

图 7-4　过梁的破坏形态

（a）钢筋砖过梁；（b）砖砌平拱过梁

2. 过梁上的荷载

一般情况下，作用在过梁上的荷载有两种：过梁上墙体的重量和上部梁板传来的荷载。

（1）墙体的自重荷载。过梁与其上部墙体之间存在组合作用。在过梁上部的墙体中存在较显著的拱作用。当过梁上墙体有足够高度时，施加在过梁上的竖向荷载将通过墙体的拱作用直接传递给支座。试验表明，当砖砌体的砌筑高度接近跨度一半时，跨中挠度的增加明显减小。此时，过梁上砌体的当量荷载相当于高度等于 1/3 洞口净跨度 l_n 时的墙体自重。

因此，《砌体规范》对过梁上墙体自重的取值规定如下：

1) 对于砖砌体过梁，当过梁上的墙体高度 $h_w < l_n/3$ 时，应按墙体的均布自重计算；当墙体高度 $h_w \geq l_n/3$ 时，应按高度为 $l_n/3$ 墙体的均布自重计算，见图 7-5。

2) 对于混凝土砌块砌体过梁，当过梁上的墙体高度 $h_w < l_n/2$ 时，应按墙体的均布自重计算；当墙体高度 $h_w \geq l_n/2$ 时，应按高度为 $l_n/2$ 墙体的均布自重计算。

（2）梁、板荷载。关于梁、板荷载的传递，试验结果表明，当在砌体高度等于跨度的

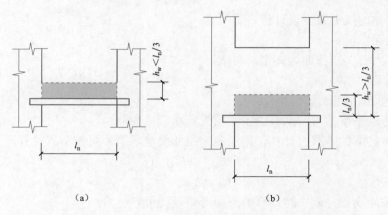

图 7-5 过梁上的墙体荷载

(a) $h_w < l_n/3$; (b) $h_w > l_n/3$

0.8 倍左右的位置施加外荷载时，荷载的挠度变化已很微小。因此，可以认为，在高度等于跨度的位置施加外荷载时，荷载将全部通过拱作用传递，而不由过梁承受。对中型砌块砌体，由于块体高度较大，当过梁上墙体皮数过少时，将难以产生良好的卸荷效应。

因此，《砌体规范》对梁、板荷载的取值规定如下：

对砖砌体和砌块砌体，当梁板下的墙体高度 $h_w < l_n$ 时，过梁应计入梁、板传来的荷载，否则可不考虑梁、板荷载，见图 7-6。

7.2.3 过梁的承载力计算及构造要求

1. 过梁的承载力计算

根据过梁的破坏特征，过梁必须进行正截面受弯承载力和斜截面受剪承载力计算，对砖砌平拱、弧拱过梁还应按水平推力验算端部墙体的水平受剪承载力。

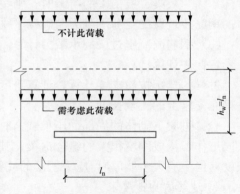

图 7-6 梁、板传给过梁的荷载

（1）砖砌平拱过梁的承载力计算。砖砌平拱过梁的受弯承载力可按下式计算

$$M \leqslant f_{tm}W \tag{7-1}$$

式中 M——按简支梁并取净跨计算的跨中弯矩设计值；

f_{tm}——沿齿缝截面的弯曲抗拉强度设计值；

W——截面抵抗矩。

过梁的截面计算高度取过梁底面以上的墙体高度，但不大于 $l_n/3$。砖砌平拱过梁中由于存在支座水平推力，过梁垂直裂缝的发展得以延缓，受弯承载力得以提高。因此 f_{tm} 取沿齿缝截面的弯曲抗拉强度设计值。

砖砌平拱的受剪承载力可按下式计算

$$V \leqslant f_v bz \tag{7-2}$$

$$z = \frac{I}{S} \tag{7-3}$$

式中 V——剪力设计值；

　　　　f_v——砌体的抗剪强度设计值；

　　　　b——截面宽度；

　　　　z——内力臂，当截面为矩形时可取 $z=2h/3$；

　　　　I——截面的惯性矩；

　　　　S——截面的面积矩。

一般情况下，砖砌平拱过梁的承载力主要由受弯承载力控制。

　　（2）钢筋砖过梁的承载力计算。钢筋砖过梁的受弯承载力可按下式计算

$$M \leqslant 0.85 h_0 f_y A_s \tag{7-4}$$

$$h_0 = h - a_s$$

式中　M——按简支梁并取净跨计算的跨中弯矩设计值；

　　　　f_y——钢筋的抗拉强度设计值；

　　　　A_s——受拉钢筋的截面面积；

　　　　h_0——过梁截面的有效高度；

　　　　a_s——受拉钢筋重心至截面下边缘的距离；

　　　　h——过梁的截面计算高度，取过梁底面以上的墙体高度，但不大于 $l_n/3$；当考虑梁、板传来的荷载时，则按梁、板下的高度采用。

　　钢筋砖过梁的受剪承载力与砖砌平拱过梁相同。

　　（3）钢筋混凝土过梁的承载力计算。钢筋混凝土过梁的受弯、受剪承载力应按钢筋混凝土受弯构件计算。

　　过梁的弯矩按简支梁计算，计算跨度取（l_n+a）和 $1.05 l_n$ 二者中的较小值，其中 a 为过梁在支座上的支承长度。

　　验算过梁下砌体的局部受压承载力时，可不考虑上层荷载的影响。由于过梁与其上砌体共同工作，构成刚度很大的组合深梁，其变形很小，故其有效支承长度可取过梁的实际支承长度（但不应大于墙厚），应力图形的完整系数 η 取 1。

　　2. 过梁的构造要求

　　（1）砖砌过梁截面计算高度内砂浆不宜低于 M5（Mb5、Ms5）。

　　（2）砖砌平拱过梁用竖砖砌筑部分的高度，不应小于 240mm。

　　（3）钢筋砖过梁底面砂浆层处的钢筋，其直径不应小于 5mm，间距不宜大于 120mm；钢筋伸入砌体内的长度不宜小于 240mm，砂浆层的厚度不宜小于 30mm。

　　（4）钢筋混凝土过梁端部的支承长度，不宜小于 240mm。

7.3　墙　　梁

7.3.1　墙梁的受力性能和破坏形态

　　由支承墙体的钢筋混凝土梁及其上计算高度范围内墙体所组成的共同工作的组合构件称为墙梁，其中支承墙体的钢筋混凝土梁称之为托梁。墙梁主要应用于多层砌体结构房屋底层或底部几层为商店、饭店等需要较大空间，而上层为住宅、办公室等小空间的房屋中。此时，在底层设置的钢筋混凝土楼面梁或底层框架梁（托梁）与其上部一定高度范围的砌筑墙体，组成了能共同工作的组合构件，承担上部各层墙体的重量和各层楼、屋面荷载，并将这

些荷载传递给底层托梁两端的墙或柱。此外，单层工业厂房中外纵墙的基础梁或承台梁与其上一定高度范围的墙体也属于墙梁。

墙梁按支承情况分为简支墙梁、框支墙梁和连续墙体；按承受荷载情况分为承重墙梁和自承重墙梁。承重墙梁除了承受托梁和托梁以上墙体的自重外，还承受由屋盖、楼盖传来的荷载；自承重墙梁仅承受托梁及托梁上的墙体自重。

1. 简支墙梁的受力性能和破坏形态

试验研究及有限元分析表明，墙梁的受力性能与钢筋混凝土深梁类似。顶面作用均布荷载的简支墙梁，当荷载较小时，墙体和托梁处于弹性工作状态。按弹性理论可求得墙梁内竖向应力 σ_y、水平应力 σ_x 和剪应力 τ_{xy}、τ_{yx} 的分布，见图 7-7。

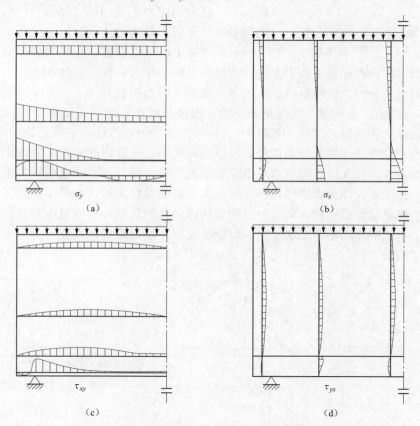

图 7-7　简支墙梁在弹性阶段应力分布

（a）竖向应力；（b）水平应力；（c）、（d）剪应力

由 σ_y 的分布图可以看出，竖向压应力 σ_y 自上向下由均匀分布变为向支座集中的非均匀分布；由 σ_x 的分布图看出墙体大部分受压，而托梁大部分或全部受拉，形成截面抵抗弯矩，共同抵抗外荷载产生的弯矩，托梁处于偏心受拉状态；由 τ_{yx} 的分布图可以看出在墙体和托梁中均有剪应力存在，在墙体和托梁的交接面剪应力 τ_{xy} 分布发生较大变化，且在支座处有明显的应力集中。

当墙梁上开有洞口时，其受力情况与不开洞口墙梁有很大区别。如图 7-8 所示为开洞墙梁各截面处的应力分布图形。

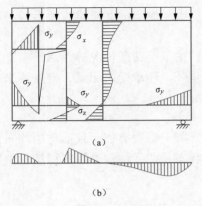

图 7-8　偏开洞口墙梁应力分布

（a）σ_y、σ_x 的分布；（b）托梁界面上 τ_{xy} 分布

从图 7-8 可以看出在跨中垂直截面，水平应力 σ_x 的分布与无洞口墙梁相似，但在洞口内侧的垂直截面上，σ_x 分布图被洞口分割成两部分，在洞口上部，过梁受拉，顶部墙体受压；在洞口下部，托梁上部受压，下部受拉，托梁处于大偏心受拉状态。

竖向应力 σ_y 在未开洞墙体一侧托梁与墙梁交接面上，分布与无洞口墙梁相似。在开洞口一侧，支座上方和洞口内侧，作用着比较集中的斜向压应力；在洞口外侧，作用着竖向拉应力。在洞口上边缘外侧墙体的水平截面上，竖向压应力 σ_y 近似呈三角形分布，外侧受拉，内侧受压，压应力较集中。

从图 7-8 中也可以看出，托梁与墙体交界面上剪应力分布图形也因洞口存在发生较大变化，在洞口内侧，有明显的剪应力集中。

根据有限元法分析，在均布荷载作用下，墙梁主应力迹线如图 7-9 所示。当墙体上无洞口时，见图 7-9（a），主压应力直接指向支座，墙梁形成拱作用，托梁跨中截面处于偏心受拉状态。当墙体上开有偏洞口时，见图 7-9（b），主压应力轨迹线除呈拱形指向两端支座外，在大的墙肢内还存在一小拱，分别指向洞口边缘和支座。托梁顶面除在支座两端承受较大的竖向压力和剪力外，在大墙肢洞口边缘也承受较大的竖向压力，因而也可视为梁拱组合受力机构。因此，托梁不仅作为大拱的拉杆，还作为小拱的弹性支座，承受小拱传来的压力，使托梁在洞口边缘处截面产生较大的弯矩。随着洞口向跨中移动，小墙肢不断加强，大拱的作用不断加强，小拱的作用不断减弱。当洞口位于跨中，洞口跨度、高度不大时，小拱作用完全消失，托梁的受力接近于无洞口的状况，见图 7-9（c）。

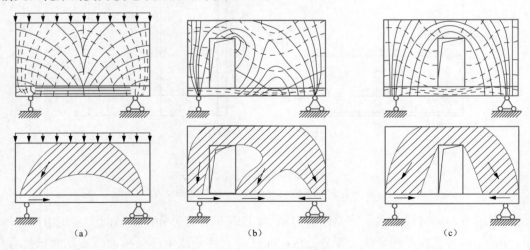

图 7-9　墙梁的受力模型

（a）墙体无洞口；（b）洞口偏开时；（c）洞口居中时

根据试验研究，影响墙梁破坏形态的因素较多，如墙体高跨比 h_w/l_0（h_w 为墙体的计算高度、l_0 为墙梁的计算跨度）、托梁高跨比 h_b/l_0（h_b 为托梁的高度）、砌体强度、混凝土强度、托梁纵筋配筋率、荷载形式、墙体开洞情况等不同，墙梁可能发生以下几种破坏形态。

（1）弯曲破坏。当托梁配筋较少，砌体强度相对较高，h_w/l_0较小时，随着荷载增大，托梁跨中出现垂直裂缝，进而裂缝向上发展进入墙体；当荷载继续增大时，托梁内纵向钢筋屈服，裂缝向上迅速扩大，发生正截面弯曲破坏。试验表明，弯曲破坏时，截面内受压区的高度和墙体高跨比有关。但无论受压区高度大或小，墙体顶部均无压坏现象。无洞口、有洞口墙梁正截面的破坏形态如图 7-10 所示。

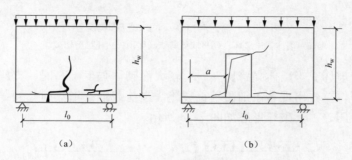

图 7-10 墙梁弯曲破坏
（a）无洞口墙梁；（b）有洞口墙梁

（2）剪切破坏。当墙梁中托梁配筋较强而墙体的强度较低时，在上部竖向荷载作用下，常发生沿墙体斜截面的剪切破坏。由于墙体的高跨比不同、砌体强度和荷载形式、作用位置等不同，剪切破坏又分为以下几种情况：

1）墙体斜拉破坏。当墙体高跨比较小（$h_w/l_0 \leqslant 0.5$），砌体强度较低，或集中荷载作用且剪跨比较大时，随着荷载增大，墙体中部的主拉应力大于砌体沿齿缝截面的抗拉强度而产生斜裂缝，荷载继续增加，斜裂缝延伸并扩展，最后砌体因斜裂缝过宽而破坏，见图 7-11（a）。

2）墙体斜压破坏。当墙体高跨比较大（$h_w/l_0 > 0.5$），或集中荷载作用但剪跨比较小时，随着荷载增大，墙体因主压应力过大产生较陡的几乎平行的斜裂缝；荷载继续增大，裂缝不断延伸，多数穿过灰缝和砖块，最后砌体沿斜裂缝剥落或压碎而破坏，见图 7-11（b）。

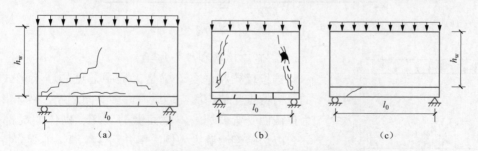

图 7-11 无洞口墙梁的剪切破坏形态
（a）墙体斜拉破坏；（b）墙体斜压破坏；（c）托梁剪切破坏

3）托梁剪切破坏。一般情况下，托梁本身不易破坏。因为托梁顶面的竖向应力在支座处高度集中，使之具有很高的抗剪能力。仅当托梁混凝土强度过低，且箍筋设置过少时，才会发生托梁的剪切破坏，见图 7-11（c）。

偏开洞口墙梁的剪切破坏形态与无洞口墙梁原理一致，破坏形态见图 7-12。

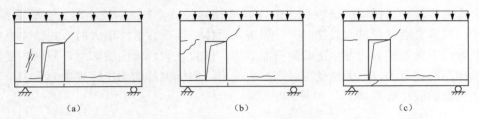

图 7-12　偏开洞口墙梁的剪切破坏形态

（a）墙体斜压破坏；（b）墙体剪切破坏；（c）托梁剪切破坏

（3）局部受压破坏。当墙体高跨比 h_w/l_0 较大而砌体强度不高时，支座上方砌体在较大的垂直压力作用下，首先出现多条细微垂直裂缝。当荷载继续增大时，裂缝增多并扩展，最后该处砌体剥落、压碎。其破坏形态如图 7-13 所示。

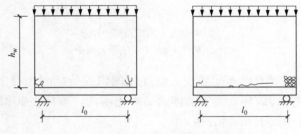

图 7-13　无洞口墙梁的局部受压破坏

偏开洞口墙梁的局部受压破坏形态原因与无洞口墙梁相同，破坏形态如图 7-14 所示。

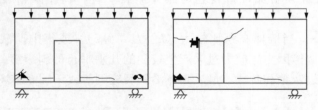

图 7-14　偏开洞口墙梁局部受压破坏

2. 连续墙梁和框支墙梁

连续墙梁和框支墙梁是工程中常见的墙梁形式。它们的受力特点与单跨简支墙梁有许多共同之处，破坏形态也分为正截面受弯破坏、斜截面受剪破坏、砌体的局部受压破坏。以两跨连续墙梁为例简单介绍连续墙梁的受力特点。

（1）墙梁支座反力和内力分布。两跨连续墙梁的受力机构为一双跨大拱套两个单跨小拱组合成的复合拱体系，见图 7-15，双跨大拱效应使托梁上的荷载更多地传向边支座。与普通两跨连续梁相比，边支座的反力大，中间支座

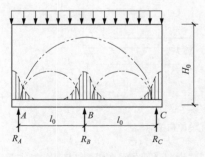

图 7-15　两跨连续墙梁的受力特点

反力小。支座反力的变化影响着墙梁内力的变化，导致跨中正弯矩增大，支座负弯矩减小。随着跨高比的变化，这种变化趋势更加明显，甚至支座不出现负弯矩。

（2）托梁的受力特点。由于大拱的效应，托梁的全部或大部分区段处于偏心受拉状态。

在受荷过程中，由于局部墙体开裂出现内力重分布，可能在中间支座附近出现偏心受压的受力状态，但是对托梁的配筋一般不起控制作用。

（3）中间支座上方砌体的局部受压。中间支座的反力虽然较普通连续梁减小，但仍然较边支座大很多。因此，在中间支座处托梁上部截面出现很大应力，造成此处砌体发生局部受压破坏。因此，设计中应在中间支座托梁顶面砌体处配置钢筋网片或设置翼墙。

在地震区或墙梁跨度较大时，常采用框支墙梁。在框支墙梁中，墙体的整体刚度大于框架柱的刚度，柱端对墙梁的转角变形约束较小。有限元分析结果表明，单跨框支墙梁的受力特点与简支墙梁相似，多跨框支墙梁的受力特点与多跨连续墙梁相似，不再赘述。

7.3.2　墙梁的承载力计算

1. 墙梁设计的一般规定

为了保证墙梁组合工作性能并防止承载力过低的破坏形态发生，《砌体规范》对墙梁规定如下：

（1）多层砌体结构房屋中的承重墙梁不应采用无筋砌体。采用烧结普通砖、混凝土普通砖砌体、混凝土多孔砖砌体、混凝土砌块砌体的墙梁设计，应符合表 7-1 的规定。

表 7-1　　　　　　　　　　　　　　墙梁的一般规定

墙梁类别	墙体总高度（m）	跨度（m）	墙体高跨比 h_w/l_{0i}	托梁高跨比 h_b/l_{0i}	洞宽比 b_h/l_{0i}	洞高 h_h
承重墙梁	≤18	≤9	≥0.4	≥1/10	≤0.3	≤$5h_w/6$ 且 h_w-h_h≥0.4m
自承重墙梁	≤18	≤12	≥1/3	≥1/5	≤0.8	—

注　墙体总高度指托梁顶面到檐口的高度，带阁楼的坡屋面应算到山墙尖高的 1/2 高度处。

（2）墙梁计算高度范围内每跨允许设置一个洞口，洞口高度，对窗洞取洞顶至托梁顶面的距离。对自承重墙梁，洞口至边支座中心的距离不应小于 $0.1l_{0i}$，门窗洞上口至墙顶的距离不应小于 0.5m。

（3）洞口边缘至支座中心的距离，距边支座不应小于墙梁计算跨度的 0.15 倍，距中支座不应小于墙梁计算跨度的 0.07 倍。对多层房屋的墙梁，各层洞口宜设置在相同位置，并宜上下对齐。

2. 墙梁的计算简图

墙梁的计算简图如图 7-16 所示。

图中各计算参数取值规定如下：

（1）墙梁计算跨度 l_0（l_{0i}）。简支墙梁和连续墙梁：取净跨的 1.1 倍或支座中心线距离的较小值；框支墙梁：取框架柱轴线间的距离。

（2）墙体计算高度 h_w。取托梁顶面上一层墙体（包括顶梁）高度，当 h_w 大于 l_0 时，取 h_w 等于 l_0（对连续墙梁和多跨框支墙梁，l_0 取各跨的平均值）。

（3）墙梁跨中截面计算高度 H_0。墙梁跨中截面计算高度 H_0 计算公式

$$H_0 = h_w + 0.5h_b$$

（4）翼墙的计算宽度。取窗间墙宽度或横墙间距的 2/3，且每边不大于 3.5 倍的墙体厚度和墙梁计算跨度的 1/6。

3. 墙梁的计算荷载

作用在墙梁上的计算荷载，分使用阶段和施工阶段，按下列规定取用：

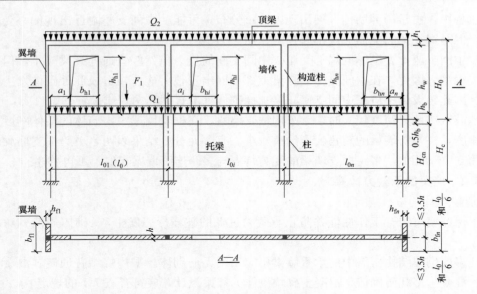

图 7-16 墙梁的计算简图

（1）使用阶段。

1）承重墙梁的托梁顶面的荷载设计值 Q_1、F_1，取托梁自重及本层楼盖的恒荷载和活荷载。

2）承重墙梁的墙梁顶面的荷载设计值 Q_2，取托梁以上各层墙体自重，以及墙梁顶面以上各层楼、屋盖的恒荷载和活荷载；集中荷载沿作用的跨度近似化为均布荷载。

3）自承重墙梁的墙梁顶面的荷载设计值 Q_2，取托梁自重及托梁以上墙体自重。

（2）施工阶段托梁上的荷载，按下列规定采用：

1）取托梁自重及本层楼盖的恒荷载。

2）本层楼盖的施工荷载。

3）墙体自重，可取高度为 $l_{0\max}/3$ 的墙体自重，开洞时尚应按洞顶以下实际分布的墙体自重复核；$l_{0\max}$ 为各计算跨度的最大值。

4. 墙梁的承载力计算

（1）使用阶段墙梁的承载力计算。为了保证墙梁在使用阶段安全可靠地工作，必须进行托梁使用阶段正截面承载力和斜截面受剪承载力计算、墙体受剪承载力和托梁上部砌体局部受压承载力计算。计算分析表明，自承重墙梁可满足墙体受剪承载力和托梁支座上部砌体局部受压承载力要求，可只进行托梁正截面承载力和斜截面受剪承载力计算。

1）托梁正截面承载力计算。托梁正截面破坏发生在托梁跨中截面和连续墙梁、框支墙梁的托梁支座处截面。跨中截面按钢筋混凝土偏心受拉构件计算，支座截面按钢筋混凝土受弯构件计算。

a）托梁跨中截面。

托梁跨中截面的弯矩和轴心拉力按下列公式计算

$$M_{bi} = M_{1i} + \alpha_M M_{2i} \tag{7-5}$$

$$N_{bti} = \eta_N M_{2i} / H_0 \tag{7-6}$$

对简支墙梁

$$\alpha_M = \psi_M(1.7h_b/l_0 - 0.03) \tag{7-7}$$

$$\psi_M = 4.5 - 10a/l_0 \tag{7-8}$$

$$\eta_N = 0.44 + 2.1h_w/l_0 \tag{7-9}$$

对连续墙梁和框支墙梁

$$\alpha_M = \psi_M(2.7h_b/l_{0i} - 0.08) \tag{7-10}$$

$$\psi_M = 3.8 - 8a_i/l_{0i} \tag{7-11}$$

$$\eta_N = 0.8 + 2.6h_w/l_{0i} \tag{7-12}$$

式中　M_{1i}——荷载设计值 Q_1、F_1 作用下简支梁跨中弯矩或按连续梁或框架分析的托梁第 i 跨跨中最大弯矩；

M_{2i}——荷载设计值 Q_2 作用下简支梁跨中弯矩或按连续梁或框架分析的托梁第 i 跨跨中最大弯矩；

α_M——考虑墙梁组合作用的托梁跨中弯矩系数，按式（7-7）或式（7-10）计算，但对自承重简支墙梁应乘以 0.8；当式（7-7）中的 $h_b/l_0 > 1/6$ 时，取 $h_b/l_0 = 1/6$；当式（7-10）中的 $h_b/l_{0i} > 1/7$ 时，取 $h_b/l_{0i} = 1/7$；当 $\alpha_M > 1.0$ 时，取 $\alpha_M = 1.0$；

η_N——考虑墙梁组合作用的托梁跨中截面轴力系数，按式（7-9）或式（7-12）计算，但对自承重简支墙梁应乘以 0.8；式中，当 $h_w/l_0 > 1$ 时，取 $h_w/l_0 = 1$；

ψ_M——洞口对托梁跨中截面弯矩的影响系数，对无洞口墙梁取 1.0，对有洞口墙梁可按式（7-8）或式（7-11）计算；

a_i——洞口边缘至墙梁最近支座中心的距离，当 $a_i > 0.35l_{0i}$ 时，取 $a_i = 0.35l_{0i}$。

　　b）托梁支座截面。托梁支座截面的弯矩按下述公式计算

$$M_{bj} = M_{1j} + \alpha_M M_{2j} \tag{7-13}$$

$$\alpha_M = 0.75 - a_i/l_{0i} \tag{7-14}$$

式中　M_{1j}——荷载设计值 Q_1、F_1 作用下按连续梁或框架分析的托梁第 j 支座截面的弯矩设计值；

M_{2j}——荷载设计值 Q_2 作用下按连续梁或框架分析的托梁第 j 支座截面的弯矩设计值；

α_M——考虑墙梁组合作用的托梁支座截面弯矩系数，无洞口墙梁取 0.4，有洞口墙梁按式（7-14）计算。

　　2）托梁斜截面受剪承载力计算。托梁斜截面受剪承载力应按钢筋混凝土受弯构件计算。第 j 支座边缘截面剪力设计值 V_{bj} 应按下式计算

$$V_{bj} = V_{1j} + \beta_V V_{2j} \tag{7-15}$$

式中　V_{1j}——荷载设计值 Q_1、F_1 作用下按简支梁、连续梁或框架分析的托梁第 j 支座截面的剪力设计值；

V_{2j}——荷载设计值 Q_2 作用下按简支梁、连续梁或框架分析的托梁第 j 支座截面的剪力设计值；

β_V——考虑组合作用的托梁剪力系数，无洞口墙梁边支座截面取 0.6，中支座截面取 0.7；有洞口墙梁边支座截面取 0.7，中支座截面取 0.8。对自承重墙梁，无洞口时取 0.45，有洞口时取 0.5。

3）墙梁的墙体受剪承载力计算。墙梁的斜截面破坏很少发生在托梁的斜截面，因此其抗剪承载力一般是由墙体的受剪承载力控制的。试验研究表明，墙梁顶面设置圈梁，能将楼层部分荷载传至支座，并与托梁一起约束墙体的横向变形，延缓或阻滞墙体裂缝的发展，提高了墙体的抗剪能力。因此在设计中需考虑圈梁的有利作用。墙梁墙体的受剪承载力按下式计算

$$V_2 \leqslant \xi_1 \xi_2 (0.2 + h_b/l_{0i} + h_t/l_{0i}) f h h_w \tag{7-16}$$

式中　V_2——荷载设计值 Q_2 作用下墙梁支座边缘截面剪力的最大值；

　　　　ξ_1——翼墙或构造柱影响系数，单层墙梁取 1.0，多层墙梁，$b_f/h = 3$ 时取 1.3、当 $b_f/h = 7$ 或设构造柱时取 1.5，$3 < b_f/h < 7$ 时按线性插入法取值（b_f 为翼墙的计算宽度）；

　　　　ξ_2——洞口影响系数，无洞口墙梁取 1.0，多层有洞口墙梁取 0.9，单层有洞口墙梁取 0.6；

　　　　h_t——墙梁顶面圈梁截面高度。

4）托梁支座上部砌体局部受压承载力计算。墙梁由于组合拱作用，在托梁支座上部竖向压力比较大，而砌体抗压强度较低，因此，《砌体规范》规定：当墙梁支座处墙体设置上、下贯通的落地混凝土构造柱，且其截面不小于 240mm×240mm 时，或当 $b_f/h \geqslant 5$ 时，可不验算托梁支座上部墙体局部受压承载力。否则，按下式计算

$$Q_2 \leqslant \zeta f h \tag{7-17}$$

$$\zeta = 0.25 + 0.08 b_f/h \tag{7-18}$$

式中　Q_2——作用在墙梁顶部的均布荷载设计值；

　　　　ζ——局压系数，按式（7-18）计算。

（2）施工阶段墙梁的承载力验算。在施工阶段，托梁与墙体的组合拱作用还没有形成，因此不能按墙梁计算。

施工阶段的荷载应由托梁单独承受。托梁应按钢筋混凝土受弯构件进行正截面受弯和斜截面受剪承载力验算。此时，结构的重要性系数可取为 0.9。

7.3.3　墙梁的构造要求

1. 墙梁材料

托梁和框支柱的混凝土强度等级不应低于 C30；托梁的纵向钢筋宜采用 HRB335、HRB400 或 RRB400 级钢筋。承重墙梁的块体强度等级不应低于 MU10，计算范围内砂浆强度等级不应低于 M10（Mb10）。

2. 墙体

（1）框支墙梁的上部砌体房屋，以及设有承重的简支墙梁或连续墙梁的房屋，应满足刚性方案房屋的要求。

（2）墙梁计算高度范围内的墙体厚度，对砖砌体不应小于 240mm，对混凝土砌块砌体不应小于 190mm。

（3）墙梁洞口上方应设置钢筋混凝土过梁，其支承长度不应小于 240mm，洞口范围内不应施加集中荷载。

（4）墙梁的支座处应设置落地翼墙。翼墙厚度，对砖砌体不应小于 240mm，对混凝土砌块砌体不应小于 190mm；翼墙宽度不应小于墙梁墙体厚度的 3 倍，并与墙梁砌体同时砌

筑。当不能设置翼墙时，应设置落地且上下贯通的钢筋混凝土构造柱。

（5）当墙梁墙体在靠近支座 1/3 跨度范围内开洞时，支座处应设置落地且上下贯通的钢筋混凝土构造柱，并与每层圈梁连接。

（6）墙梁计算高度范围内的墙体，每天可砌筑高度不应超过 1.5m，否则应加设临时支撑。

3. 托梁

底框砌体结构房屋墙体下部混凝土托梁构造应符合下列规定：

（1）托梁的截面宽度不应小于 300mm，截面高度不应小于跨度的 1/10，且不应大于跨度的 1/6；当墙体在梁端附近有洞口时，梁截面高度不应小于跨度的 1/8。

（2）托梁箍筋直径不应小于 8mm，间距不应大于 200mm；梁端 1.5 倍梁高且不小于 1/5 净跨范围内及上部墙体的洞口区段及洞口两侧各一个梁高且不小于 500mm 范围内，箍筋间距不应大于 100mm。

（3）托梁沿梁高应设置不小于 2ϕ14 的通长腰筋，间距不应大于 200mm。

（4）托梁纵向钢筋和腰筋应按照受拉钢筋的要求锚固在框架柱内，且支座上部的纵向钢筋在柱内的锚固长度应符合混凝土框支梁的有关要求。

【例 7-1】　某四层底框一砖砌商住楼。底层采用无洞口承重墙梁。其局部平、剖面图见图 7-17。房屋开间 3.3m，底层层高 4.2m，其他层层高 3.0m，楼板厚度 120mm，外墙墙体厚度 370mm，在有托梁处设有框架柱，框架柱尺寸为 250mm×250mm，托梁截面尺寸为 250mm×600mm，采用 C30 混凝土，纵向受力钢筋采用 HRB400 级，箍筋采用 HPB300 级。托梁上墙体厚度 240mm，双面粉刷。砌体采用 MU10 烧结普通砖和 M5 混合砂浆砌筑。在托梁、墙梁顶面和檐口标高处按要求设置有现浇钢筋混凝土圈梁，圈梁截面尺寸为 240mm×120mm，纵筋 4ϕ10，箍筋 ϕ6@200。各部分荷载如下：

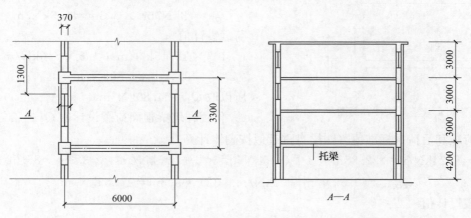

图 7-17　房屋局部平、剖面图

恒荷载：二层楼面，4.5kN/m²；三、四层楼面，3.5kN/m²；屋面，5.5kN/m²。

240mm 厚砖墙（双面粉刷）自重：5.24kN/m²。

钢筋混凝土托梁（含粉刷）自重：4.3kN/m。

活荷载：楼面 2.0kN/m²，屋面 0.5kN/m²。

结构安全等级为二级，设计使用年限为 50 年。试设计该承重墙梁。

解　（1）计算简图。

1）计算跨度 l_0。

墙梁支座中心线间距　　　　　　　　$l_c = 6000\text{mm}$

所以计算跨度　　　　　　　　　　　$l_0 = 6000\text{mm}$

2）墙体计算高度 h_w（层高减去楼板厚度）。

$$h_w = 3000\text{mm} - 120\text{mm} = 2880\text{mm} < l_0 = 6000\text{mm}$$

所以墙体计算高度　　　　　　　　$h_w = 2880\text{mm}$

3）墙梁跨中截面计算高度。

$$H_0 = h_w + 0.5h_b = 2880\text{mm} + 0.5 \times 600\text{mm} = 3180\text{mm}$$

4）尺寸验算。

墙体总高度 9m<18m；跨度 6m<9m；

墙体高跨比 $h_w/l_0 = \dfrac{2880}{6000} = 0.48 > 0.4$

托梁高跨比 $h_b/l_0 = \dfrac{600}{6000} = 0.1 < 1/7 = 0.143$

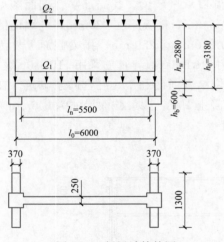

图 7-18　托梁计算简图

无洞口，所以满足构造要求，确定的计算简图如图 7-18 所示。

（2）使用阶段荷载计算。

1）直接作用在托梁顶面的荷载设计值 Q_1。

恒荷载和活荷载标准值

$$Q_{G1K} = 4.3\text{kN/m} + 4.5\text{kN/m}^2 \times 3.3\text{m}$$
$$= 19.15\text{kN/m}$$

$$Q_{Q1K} = 2\text{kN/m}^2 \times 3.3\text{m} = 6.6\text{kN/m}$$

荷载设计值

$$1.3 \times 19.15\text{kN/m} + 1.5 \times 6.6\text{kN/m}$$
$$= 34.80\text{kN/m}$$

所以取 $Q_1 = 34.80\text{kN/m}$

2）作用在墙梁顶面荷载设计值 Q_2。

恒荷载和活荷载标准值（圈梁自重近似按砌体计算）

$$Q_{G2K} = 5.24\text{kN/m}^2 \times 2.88\text{m} \times 3 + (3.5\text{kN/m}^2 \times 2 + 5.5\text{kN/m}^2) \times 3.3\text{m} = 86.52\text{kN/m}$$

$$Q_{Q2K} = (0.5\text{kN/m}^2 + 2\text{kN/m}^2 \times 2) \times 3.3\text{m} = 14.85\text{kN/m}$$

荷载设计值

$$1.3 \times 86.52\text{kN/m} + 1.5 \times 14.85\text{kN/m} = 134.75\text{kN/m}$$

所以取 $Q_2 = 134.75\text{kN/m}$

（3）使用阶段托梁正截面承载力计算。

$$M_1 = \gamma_0 \times \frac{1}{8}Q_1 l_0^2 = 1.0 \times \frac{1}{8} \times 34.80\text{kN/m} \times 6.0^2\text{m}^2 = 156.60\text{kN} \cdot \text{m}$$

$$M_2 = \gamma_0 \times \frac{1}{8}Q_2 l_0^2 = 1.0 \times \frac{1}{8} \times 134.75\text{kN/m} \times 6.0^2\text{m}^2 = 606.38\text{kN} \cdot \text{m}$$

无洞口，$\psi_M = 1$

$$\alpha_M = \psi_M\left(1.7\frac{h_b}{l_0} - 0.03\right) = 1.0 \times \left(1.7 \times \frac{600mm}{6000mm} - 0.03\right) = 0.140$$

$$\eta_N = 0.44 + 2.1\frac{h_w}{l_0} = 0.44 + 2.1 \times \frac{2880mm}{6000mm} = 1.448$$

$$M_b = M_1 + \psi_M M_2 = 156.60kN \cdot m + 0.14 \times 606.38kN \cdot m = 241.49kN \cdot m$$

$$N_{bt} = \eta_N M_2 / H_0 = 1.448 \times \frac{606.38kN \cdot m}{3.18m} = 276.11kN$$

托梁按照偏心受拉构件计算，过程略，得到所需钢筋：受拉钢筋 4 Φ 22，$A_s =$ 1520mm^2，受压钢筋 2 Φ 20，$A_s = 628$mm^2。

（4）使用托梁斜截面受剪承载力计算。

$$V_1 = \gamma_0 \times \frac{1}{2}Q_1 l_n = 1.0 \times \frac{1}{2} \times 34.80kN/m \times 5.5m = 95.70kN$$

$$V_2 = \gamma_0 \times \frac{1}{2}Q_2 l_n = 1.0 \times \frac{1}{2} \times 134.75kN/m \times 5.5m = 370.56kN$$

无洞口，$\beta_V = 0.6$

$$V_b = V_1 + \beta_V V_2 = 95.70kN + 0.6 \times 370.56kN = 318.04kN$$

经计算，箍筋选用双肢 Φ 10@150。按构造要求，托梁两侧各配置 2 Φ 12 腰筋，间距 200mm。

（5）使用阶段墙体受剪承载力验算。

无洞口，$\xi_2 = 1.0$，则

$$7 > b_f/h = \frac{1300mm}{250mm} = 5.2 > 3$$

所以，$\xi_1 = 1.3 + \dfrac{1.5 - 1.3}{7 - 3} \times (5.2 - 3) = 1.41$

墙体受剪承载力验算

$$\xi_1 \xi_2 \left(0.2 + \frac{h_b}{l_0} + \frac{h_t}{l_0}\right) fhh_w$$

$$= 1.41 \times 1 \times \left(0.2 + \frac{600mm}{6000mm} + \frac{120mm}{6000mm}\right) \times 1.5N/mm^2 \times 250mm \times 2880mm$$

$$= 487296N = 487.30kN > V_2 = 370.56kN$$

故墙体受剪承载力满足。

（6）使用阶段托梁支座上部砌体局部受压承载力计算。

$$b_f/h = \frac{1300mm}{250mm} = 5.2 > 5$$

可不验算托梁支座上部砌体局部受压承载力。

（7）施工阶段托梁承载力验算。

1）施工阶段作用在托梁上的荷载 Q_3。

施工阶段结构重要性系数 $\gamma_0 = 0.9$，施工阶段楼面活荷载取 1.0kN/m^2。

托梁自重标准值　　　　　　　　　4.3kN/m

本层楼面恒荷载　　　　　4.5kN/m$^2 \times 3.3$m = 14.85kN/m

本层楼面活荷载　　　　　$1kN/m^2 \times 3.3m = 3.3kN/m$

墙体自重取 $l_0/3$ 墙体高度　　$5.24kN/m^2 \times (6.0m/3) = 10.48kN/m$

恒荷载标准值　　　　$g_k = 4.3 + 14.85 + 10.48 = 29.63kN/m$

活荷载标准值　　　　　$q_k = 3.3kN/m$

荷载效应组合　　$1.3 \times 29.63kN/m + 1.5 \times 3.3kN/m = 43.47kN/m$

则 Q_3 取荷载设计值 $43.47kN/m$。

2）内力设计值。

$$M = \gamma_0 \times \frac{1}{8}Q_3 l_0^2 = 1.0 \times \frac{1}{8} \times 43.47kN/m \times 6.0^2 m^2 = 176.05kN$$

$$V = \gamma_0 \times \frac{1}{2}Q_3 l_n = 0.9 \times \frac{1}{2} \times 43.47kN/m \times 5.5m^2 = 107.59kN$$

此内力均小于使用阶段的弯矩和剪力，所以施工阶段内力对托梁配筋不起控制作用。

7.4 挑　　　梁

埋置在砌体结构中，支承阳台、雨篷或外廊等的悬挑式钢筋混凝土梁称为挑梁。当埋入墙内的长度较大且梁相对于砌体结构的刚度较小时，梁发生明显的挠曲变形，这种挑梁称为弹性挑梁，如阳台挑梁、挑廊挑梁等；当埋入墙内的长度较短时，埋入墙的梁相对于砌体刚度较大时，梁发生挠曲变形很小，主要发生刚体转动变形，这种挑梁称为刚性挑梁，如嵌入砖墙内的悬臂雨篷。一般地，可按挑梁的埋入长度 l_1 与挑梁高度 h_b 之比确定刚性挑梁与弹性挑梁。当 $l_1 < 2.2h_b$ 时，为刚性挑梁；当 $l_1 \geqslant 2.2h_b$ 时，为弹性挑梁。

7.4.1 挑梁的受力性能及破坏形态

1. 弹性挑梁

埋置于砌体中较长的弹性挑梁，与嵌固的砌体一起受力和变形，二者整体工作。挑梁承受上部砌体的均布荷载和悬挑部分的分布荷载、端部集中荷载等，应力计算属于弹性力学中的平面应力问题。当挑梁自身的抗弯和抗剪承载力可以得到保证时，随着悬挑部分荷载的增加，挑梁受力经历了弹性阶段、水平截面裂缝发展阶段和破坏阶段三个过程。

（1）弹性阶段。在砌体自重及上部荷载作用下，挑梁埋入部分上、下界面处将产生均匀的压应力 σ_0，如图 7-19（a）所示；当悬挑端部施加集中力 F 后，在挑梁与墙体的上下界面处产生的竖向压应力 σ' 的分布如图 7-19（b）所示。（＋）表示拉应力，（－）表示压应力；σ_0 与 σ' 叠加得到挑梁与砌体上、下界面处的法向应力 σ，即 $\sigma = \sigma_0 + \sigma'$。当 σ 不大时，挑梁与砌体交界面出现水平裂缝之前，砌体的变形基本呈线性，挑梁和砌体整体性能良好，此阶段称为挑梁与砌体共同工作的弹性阶段。

（2）带裂缝工作阶段。随着悬挑外荷载 F 的增加，当达到破坏荷载 F_u 的 $20\% \sim 30\%$ 时，拉应力超过砌体沿水平通缝的抗拉强度，在上界面出现水平裂缝①，随后在下界面出现水平裂缝②，如图 7-20 所示。随着荷载的增加，水平裂缝①不断向墙内发展，裂缝②向墙边发展，挑梁尾部有上翘的趋势。

带有水平裂缝的挑梁工作到 $0.8F_u$ 时，在挑梁尾端的砌体中将出现阶梯形裂缝③，其与竖向轴线的夹角 α 较大，实测平均值为 $57°$。水平裂缝②不断向外延伸，挑梁下砌体受压面

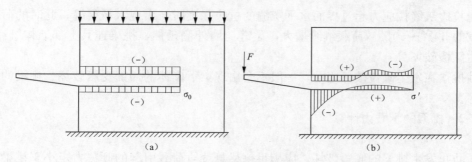

图 7-19 弹性阶段挑梁应力分布
（a）均布荷载作用；（b）集中荷载作用

积逐渐减小，压应力不断增大，可能出现局部受压裂
缝④。①、②、③裂缝的迅速发展，预示着挑梁即将
进入破坏阶段。

（3）破坏阶段。当荷载继续增大时，挑梁与砌体
共同工作可能发生以下两种破坏形态：一种是斜裂缝
迅速延伸并穿通墙体，挑梁发生倾覆破坏；另一种是
在发生倾覆破坏之前挑梁埋入墙体下界面的前端砌体
的最大压应力超过砌体的局部抗压强度，产生局部受压破坏。

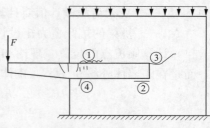

图 7-20 挑梁裂缝分布图

因此，挑梁的破坏形态分为三种：

1）挑梁倾覆破坏。挑梁倾覆力矩大于抗倾覆力矩，挑梁尾端墙体斜裂缝不断开展，挑
梁绕倾覆点 O 发生倾覆破坏，如图 7-21（a）所示。

2）挑梁下砌体局部受压破坏。挑梁下靠近墙边小部分砌体由于压应力过大，随着裂缝
④的增多和加宽，而发生局部受压破坏，如图 7-21（b）所示。

3）挑梁自身破坏。挑梁自身的破坏，可能因钢筋混凝土挑梁正截面受弯承载力不足而
致弯曲破坏，也可能因斜截面受剪承载力不足而发生剪切破坏。

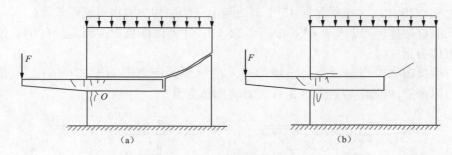

图 7-21 挑梁破坏形态
（a）挑梁倾覆破坏；（b）挑梁下砌体局压破坏

2. 刚性挑梁

刚性挑梁埋入砌体部分的长度较短（一般为墙厚），在外荷载作用下，埋入墙内的梁挠
曲变形很小，可忽略不计。在外荷载的作用下，挑梁绕砌体内某点发生刚体转动。梁下外侧
部分砌体产生压应变，内侧部分砌体产生拉应变，随着荷载增大，中和轴逐渐向外侧移动。

当砌体受拉边灰缝拉应力超过界面水平灰缝的抗拉强度时，出现水平裂缝，此时的荷载约为倾覆荷载的 $50\% \sim 60\%$。荷载继续增大，裂缝向墙外侧延伸，挑梁连其上部墙体继续转动，直至发生倾覆破坏。

刚性挑梁在发生倾覆破坏之前，一般不会出现梁下砌体的局部受压破坏、挑梁的弯曲或剪切破坏。

7.4.2 挑梁的承载力计算

1. 挑梁的抗倾覆验算

为了防止发生挑梁的倾覆破坏，应满足挑梁悬臂段荷载引起的倾覆力矩小于挑梁上墙体自重和楼盖恒荷载产生的抗倾覆力矩。即

$$M_{ov} \leqslant M_r \tag{7-19}$$

式中　M_{ov}——挑梁荷载设计值对计算倾覆点产生的倾覆力矩；

　　　　M_r——挑梁的抗倾覆力矩设计值。

（1）计算倾覆点的位置。理论和试验分析都表明，挑梁倾覆破坏的倾覆点不在墙体的边缘，而是在距墙体外缘 x_0 处。《砌体结构设计规范》给出 x_0 的简化公式如下

$$当 l_1 \geqslant 2.2h_b 时，x_0 = 0.3h_b 且 x_0 < 0.13l_1 \tag{7-20}$$

$$当 l_1 < 2.2h_b 时，x_0 = 0.13l_1 \tag{7-21}$$

式中　x_0——倾覆点至墙体外侧边缘的距离；

　　　　l_1——挑梁的埋入长度；

　　　　h_b——挑梁截面高度。

当挑梁下有混凝土构造柱或垫梁时，计算倾覆点到墙外边缘的距离可取 $0.5x_0$。

（2）抗倾覆力矩设计值。根据前述，由于挑梁与砌体的共同工作，挑梁倾覆时将在其埋入端尾部形成阶梯形裂缝，故斜裂缝以上的砌体自重和楼面恒荷载可抵抗倾覆破坏，这部分荷载称为抗倾覆荷载，用 G_r 表示。斜裂缝与竖直轴的夹角称为扩散角，扩散角可近似取为 $45°$。

《砌体结构设计规范》规定 G_r 的取值：图 7-22 所示阴影范围内本层的砌体与楼面恒荷载标准值之和，其中 l_3 为挑梁尾端 $45°$ 上斜线与上一楼层相交的水平投影长度。

对于无洞口砌体，当 $l_3 \leqslant l_1$ 时，按图 7-22（a）计算砌体自重；当 $l_3 > l_1$ 时，按图 7-22（b）计算砌体自重。

对于有洞口砌体，当洞口内边至挑梁埋入段尾端的距离不小于 370mm 时，按图 7-22（c）计算砌体自重；否则应按图 7-22（d）计算砌体自重。

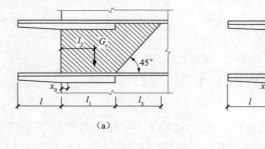

图 7-22　挑梁的抗倾覆荷载（一）

(a) $l_3 \leqslant l_1$ 时；(b) $l_3 > l_1$ 时

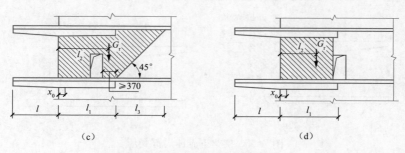

图 7-22 挑梁的抗倾覆荷载（二）

(c) 洞在 l_1 之内；(d) 洞在 l_1 之外

本层楼面恒荷载直接作用于挑梁埋入段；当上部楼层无挑梁时，抗倾覆荷载中可计入上部楼层的楼面永久荷载（标准值）。

抗倾覆力矩按式（7-22）计算

$$M_r = 0.8G_r(l_2 - x_0) \tag{7-22}$$

式中　G_r——挑梁的抗倾覆荷载；

　　　l_2——G_r 作用点距墙外边缘的距离。

雨篷的抗倾覆计算同上。但其抗倾覆荷载应按图 7-23 所示阴影范围内的墙体自重和楼盖荷载计算，即 $l_3 = 0.5l_n$；抗倾覆荷载 G_r 距墙外边缘的距离应为墙厚的 $1/2$，即 $l_2 = 0.5l_1$。当上部楼层无雨篷时，抗倾覆荷载中可计入上部楼层的楼面永久荷载（标准值）。

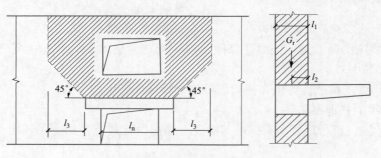

图 7-23 雨篷抗倾覆验算图

2. 挑梁下砌体的局部受压验算

由于挑梁与墙体的上界面较早出现水平裂缝，发生挑梁下砌体局部受压破坏时该水平裂缝已延伸很长，上部荷载引起的压应力不必与挑梁下局部压应力叠加，所以局部受压承载力计算时可不考虑上部荷载 N_0。挑梁下砌体局部受压按下式计算

$$N_l \leqslant \eta\gamma fA_l \tag{7-23}$$

式中　N_l——挑梁下的支承压力，可近似取 $N_l = 2R$，R 为挑梁的倾覆荷载设计值；

　　　η——挑梁底面压应力图形的完整性系数，可取 $\eta = 0.7$；

　　　γ——砌体局部抗压强度提高系数，对图 7-24（a）所示的矩形截面墙段（一字墙），取 $\gamma = 1.25$；对图 7-24（b）所示的 T 形截面墙段（丁字墙），取 $\gamma = 1.5$；

　　　A_l——挑梁下砌体受压面积，可取 $A_l = 1.2bh_b$，b 为挑梁的截面宽度，h_b 为挑梁的截面高度。

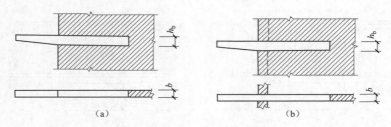

图 7-24　挑梁下砌体局部受压

(a) 挑梁支承在一字墙上；(b) 挑梁支承在丁字墙上

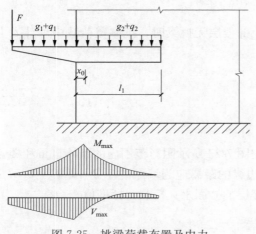

图 7-25　挑梁荷载布置及内力

3. 钢筋混凝土挑梁设计

挑梁按照钢筋混凝土受弯构件进行正截面受弯承载力和斜截面受剪承载力计算。由于计算倾覆点不在墙体边缘处，在距离墙体外缘 x_0 处，故挑梁最大弯矩发生在计算倾覆点处截面，最大剪力发生在墙边缘截面。其荷载布置及内力图，见图 7-25。

计算正截面受弯承载力时最大弯矩设计值取为

$$M_{max} = M_0 \tag{7-24}$$

计算斜截面受剪承载力时最大剪力设计值取为

$$V_{max} = V_0 \tag{7-25}$$

式中　M_0——挑梁的荷载设计值对计算倾覆点截面产生的弯矩，数值上等于倾覆力矩，即 $M_0 = M_{ov}$；

V_0——挑梁的荷载设计值在挑梁墙外边缘处截面产生的剪力。

7.4.3　挑梁的构造要求

挑梁的设计除应符合现行国家标准《混凝土结构设计规范》的有关规定外，尚应满足下列要求：

（1）纵向受力钢筋至少应有 1/2 的钢筋面积伸入梁尾端，且不少于 2Φ12。其余钢筋伸入支座的长度不应小于 $2l_1/3$。

（2）挑梁埋入砌体长度 l_1 与挑出长度 l 之比不宜大于 1.2；当挑梁上无砌体时，l_1 与 l 之比宜大于 2。

【例 7-2】 某混合结构房屋中钢筋混凝土阳台挑梁，见图 7-26，挑梁挑出长度 $l=1.6$m，埋入砌体墙部分长度 $l_1=2$m，挑梁截面尺寸为 $b \times h_b = 250 \times 300$mm，挑梁上部一层墙体净高 2.76m，墙体厚度 240mm，采用 MU10 普通黏土砖和 M7.5 混合砂浆砌筑。墙体自重为 5.24kN/m^2。阳台板传来均布荷载标准值：永久荷载 $g_{1k}=6.5$kN/m，可变荷载 $q_{1k}=4.6$kN/m；阳台边梁传至挑梁的集中荷载标准值：永久荷载 $F_{Gk}=16$kN，可变荷载 $F_{Qk}=12$kN；本层楼面传至埋入段的荷载标准值：永久荷载 $g_{2k}=10$kN/m，可变荷载 $q_{2k}=6$kN/m；挑梁自重标准值：$g_k=1.9$kN/m。试验算该挑梁的抗倾覆及挑梁下砌体的局部受压承载力。

解　（1）抗倾覆验算。

1）计算倾覆点。

$$l_1 = 2.0\text{m} > 2.2h_b = 2.2 \times 0.3\text{m} = 0.66\text{m}$$

所以该挑梁属于弹性挑梁。

则倾覆点至墙外边缘距离 l_0 取值

$$x_0 = 0.3h_b = 0.3 \times 0.3\text{m} = 0.09\text{m}$$

$$0.13l_1 = 0.13 \times 2\text{m} = 0.26\text{m} > 0.09\text{m}$$

所以，$x_0 = 0.09\text{m}$

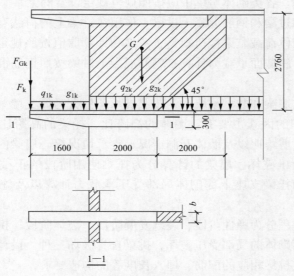

图 7-26　挑梁荷载示意图

2）倾覆力矩计算。

荷载效应组合

$$M_{ov} = (1.3 \times 16\text{kN} + 1.5 \times 12\text{kN}) \times 1.69\text{m} + \frac{1}{2} \times [1.3 \times (6.5\text{kN/m} + 1.9\text{kN/m})$$

$$+ 1.5 \times 4.6\text{kN/m}] \times 1.69^2\text{m}^2 = 91.02\text{kN} \cdot \text{m}$$

故倾覆力矩取 $M_{ov} = 91.02\text{kN} \cdot \text{m}$。

3）抗倾覆力矩。

抗倾覆力矩由挑梁埋入段自重、楼面传来永久荷载、挑梁尾端上部 45°扩散角范围内墙体自重标准值对倾覆点产生的力矩组成。

$$M_r = 0.8 \times \Big[(10\text{kN/m} + 1.6\text{kN/m}) \times 2 \times (1\text{m} - 0.09\text{m}) + 4 \times 2.76\text{m} \times 5.24\text{kN/m}^2$$

$$\times \Big(\frac{4}{2}\text{m} - 0.09\text{m}\Big) - \frac{1}{2} \times 2\text{m} \times 2\text{m} \times 5.24\text{kN/m}^2 \times \Big(2\text{m} + \frac{4}{3}\text{m} - 0.09\text{m}\Big) \Big] = 98.16\text{kN} \cdot \text{m}$$

$$M_r = 98.16\text{kN} \cdot \text{m} > M_{ov} = 91.02\text{kN} \cdot \text{m}$$

故抗倾覆验算满足。

（2）挑梁下砌体局压验算。

$$N = 2R = 2 \times \{[1.3 \times (6.5\text{kN/m} + 1.9\text{kN/m}) + 1.5 \times 4.6\text{kN/m}] \times 1.69\text{m} + 1.3 \times 16\text{kN}$$

$$+ 1.5 \times 12\text{kN}\} = 137.83\text{kN}$$

$\eta\gamma f A_l = 0.7 \times 1.5 \times 1.69\text{N/mm}^2 \times 1.2 \times 250\text{mm} \times 300\text{mm} \times 10^{-3} = 159.71\text{kN} > 137.83\text{kN}$

故梁端下砌体局部受压满足。

本章小结

（1）圈梁可以增强房屋的整体性和空间刚度，防止由于地基不均匀沉降或较大动荷载等对房屋引起的不利影响。各类砌体房屋中应按照规范规定设置圈梁。

（2）过梁分为砖砌过梁和钢筋混凝土过梁。作用在过梁上的荷载有墙体荷载和过梁计算范围内的梁板荷载，墙体荷载、梁板荷载是否考虑和计算取值按照规定进行。砖砌过梁按照砌体构件进行正截面、斜截面承载力计算；钢筋混凝土过梁按照钢筋混凝土受弯构件进行设计计算。

（3）墙梁分为承重墙梁和非承重墙梁；按照支承条件分为简支墙梁、框支墙梁和连续墙梁。影响墙梁破坏形态的因素主要有：墙体的高跨比、托梁的高跨比、砌体和混凝土的强度、托梁纵筋配筋率、剪跨比以及墙体开洞情况、支承情况等。墙梁的破坏形态分为弯曲破坏、剪切破坏和局部受压破坏。墙梁的计算分为托梁使用阶段的正截面和斜截面承载力计算，墙体受剪承载力和托梁支座上部砌体局部受压承载力计算以及施工阶段托梁的承载力计算。

（4）挑梁的受力过程分为弹性阶段、裂缝发展阶段、破坏阶段；挑梁的破坏形态分为挑梁的倾覆破坏、挑梁下砌体的局部受压破坏、挑梁自身破坏三种。设计时应进行上述三种破坏形态的验算，并满足挑梁相应的配筋、埋入长度等的构造要求。

思 考 题

7-1 圈梁有什么作用？圈梁的设置有何要求？

7-2 圈梁遇有洞口时如何处理？

7-3 简述常用过梁的种类和各自的适用范围。

7-4 过梁上的荷载如何取值？

7-5 墙梁有几种破坏形态？

7-6 墙梁上的荷载共有几种？

7-7 托梁为什么要进行施工阶段的验算？

7-8 挑梁的分类及分类依据。

7-9 挑梁倾覆时的倾覆点在哪？为什么不在墙体边缘？

习 题

7-1 某单跨五层商店-住宅的局部平、剖面图如图 7-27 所示。托梁截面尺寸 $b \times h =$ 300mm×600mm，混凝土 C30，纵向钢筋 HRB400，箍筋 HPB300。墙体采用 MU15 烧结多孔砖，M10 混合砂浆砌筑，各层荷载如下：

二～五层楼面：恒荷载   3.5kN/m²；活荷载   2.0kN/m²。

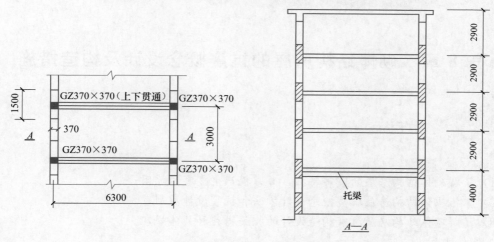

图 7-27　习题 7-1 局部平、剖面图

屋面：恒荷载　5.0kN/m²；活荷载　0.5kN/m²。

试设计该墙梁。

7-2　某阳台的钢筋混凝土挑梁埋置于丁字形截面墙体中，如图 7-28 所示。挑梁混凝土 C25，纵向钢筋 HRB400，箍筋 HPB300，挑梁根部截面尺寸为 250mm×300mm。挑梁上墙体厚度 240mm，采用 MU15 烧结多孔砖，M7.5 混合砂浆砌筑，试验算该挑梁。图中荷载均为标准值。

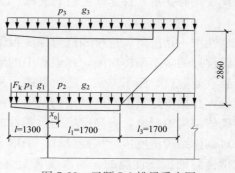

图 7-28　习题 7-2 挑梁受力图

第 8 章　砌体结构房屋的抗震概念设计及构造措施

 教学目标

1. 知识目标

（1）了解砌体结构房屋的震害特征，并掌握产生震害的原因；

（2）掌握砌体结构房屋抗震概念设计方法和抗震设计原则；

（3）了解砌体结构房屋抗震构造设计的相关措施和具体规定。

2. 能力目标

（1）能够根据砌体结构房屋的震害现象，分析产生震害的原因，灵活、恰当地运用抗震设计原则；

（2）能够在砌体结构房屋抗震设计中，采用得当的抗震构造措施。

3. 素质目标

（1）通过了解地震对建筑物造成的灾害，让学生认识到抗震设计的重要性，进一步通过对灾害原因的分析，培养学生的职业责任感和安全意识，以及科学严谨的治学态度；

（2）通过砌体结构房屋抗震概念设计与构造设计的学习，培养学生正确使用规范的意识，并引导学生辩证地去看待规范的使用，培养学生创新思维、质疑思辨等意识。

由于砌体结构材料的脆性性质，其抗剪、抗拉和抗弯强度很低，所以砌体结构房屋的抗震能力较差。特别是未经抗震设计的多层砌体房屋，在地震中的破坏更为严重。但由于砌体结构的原材料来源广泛，具有就地取材、施工方便、造价低廉、良好的耐火性能和保温性能等优点，结合我国的基本国情，在城乡建筑中砌体结构仍是近期或相当一段时间内被广泛使用的结构形式。因此，改善砌体结构的延性，提高房屋的抗震性能应该引起广泛重视。国内外大量试验研究表明，如果对砌体结构房屋进行抗震设计，采取合理的抗震构造措施，并确保施工质量，那么是可以取得良好的抗震性能的。历次震害宏观调查发现，即使在 9 度区，砖混结构房屋也有震害较轻或基本完好的例证。

8.1　砌体结构房屋的震害分析

在地震作用下，主要是在水平地震作用的影响下，房屋的破坏情况随着结构类型和抗震构造措施的不同而不同。破坏情况主要有两种：①由于结构或构件承载力不足而引起的破坏；②由于构件间连接不牢而引起的破坏。在强烈地震作用下，多层砌体结构房屋的破坏部位，主要是墙身和构件间的连接处，楼盖和屋盖本身的破坏较少。

8.1.1　砌体结构房屋的震害

1. 房屋倒塌

房屋倒塌包括整体或局部的倒塌。当房屋墙体特别是底层墙体整体抗震强度不足时，容易造成房屋整体倒塌（见图 8-1）；当房屋局部或上层墙体抗震强度不足时，容易发生局部倒塌；当结构平、立面复杂又处理不当，或者个别部位构件间连接强度不足时，容易造成局部倒塌（见图 8-2）。

图 8-1　房屋整体倒塌

图 8-2　房屋山墙部位倒塌

2. 墙体的破坏

地震作用后，砌体结构房屋中往往会出现大量的裂缝。墙体裂缝形式主要是水平裂缝、斜裂缝、交叉裂缝和竖向裂缝等。严重的裂缝可导致墙体破坏。

在砌体房屋中，与水平地震作用方向平行的墙体是主要承担地震作用的构件。这类墙体由于抗剪强度不足引起，斜裂缝属于主拉应力方向的强度不足而引起斜裂缝破坏，属于剪切破坏。当地震反复作用时，又会形成 X 形裂缝，特别是在窗间墙、窗下墙容易出现（见图 8-3）。图 8-3（a）所示为外廊式建筑的局部承重纵墙破坏，图 8-3（b）所示为汶川地震中都江堰市受损严重，一栋受损严重大楼的窗间墙普遍出现的 X 形斜裂缝。当楼盖刚度差，横墙间距大，横向水平地震剪力不能经过楼盖传递到横墙，引起纵墙在平面外受弯、受剪而形成水平裂缝（见图 8-4）。图 8-4（a）所示为房屋在第三层天花板处的纵向水平裂缝，图 8-4（b）所示为顶层窗下及窗顶侧边墙壁上出现的水平裂缝。此外，楼盖与墙体锚固差也会产生水平裂缝；若纵横墙交接处连接不好时，容易出现竖向裂缝。

（a）

（b）

图 8-3　交叉 X 形斜裂缝破坏
（a）外廊式建筑的局部承重纵墙破坏；（b）建筑外墙大面积交叉斜裂缝破坏

3. 墙体转角处的破坏

墙角位于房屋尽端，是纵横墙的交汇点，房屋整体对其约束作用差，加之在地震作用下所产生的扭转效应，以及墙角处具有较大的刚度，故房屋角部吸收的地震作用较大；地震作用下其应力状态复杂并易于产生应力集中，从而该处的抗震能力很薄弱，常出现纵横两个方向的斜裂缝，纵、横墙产生的裂缝往往在墙角处相遇，使墙角处产生破坏。特别是当房屋尽端处布置空旷房间时，横墙少，约束更差，更易产生这种形式的破坏，甚至造成建筑物角部局部倒塌，见图 8-5（a），墙角块材压碎脱落，见图 8-5（b）。

(a)　　　　　　　　　　　　　　　(b)

图 8-4　水平通长裂缝破坏

（a）建筑外墙水平裂缝；（b）窗体上下外墙墙壁上出现的水平裂缝

(a)　　　　　　　　　　　　　　　(b)

图 8-5　墙体转角处的震害

（a）角部局部倒塌；（b）墙角块材压碎和脱落

4. 纵横墙连接处破坏

纵横墙交接处因受拉出现竖向剪切裂缝，严重时纵横墙脱开，外纵墙倒塌。这种破坏一般是因为施工时纵横墙没有很好的咬槎，连接差，加之地震时两个方向的地震作用，使连接处受力复杂、应力集中，导致墙体失稳引起倒塌，见图 8-4。这种情况在木屋架结构的顶层发生较多，主要集中在顶层为大开间的情况，见图 8-6。

5. 楼梯间墙体的破坏

楼梯间的破坏程度一般比其他部位严重。楼梯本身很少破坏，主要是墙体破坏，这是由于楼梯间墙体没有楼板约束，属于错层形式，导致楼梯间空间刚度较小，同时楼梯间墙体水平抗剪刚度比其他部位大，分担的地震作用也就较大，所以很容易造成破坏，特别是在顶层空间，墙高而稳定性差，更容易造成破坏，见图 8-7。若楼梯设在房屋尽端，其破坏更为严重。

6. 楼盖与屋盖的破坏

　　楼盖、屋盖在地震中较少因其自身承载力、刚度不足而造成破坏。整浇楼盖往往由于墙体倒塌而破坏。装配式楼盖则因其水平刚度小、整体性较差，则更容易破坏。同时由于装配式楼盖在墙体上的支承长度过小，或由于板与板之间缺乏足够的拉结而塌落。楼盖的梁端则可能因支承长度过短而自墙内拔出，造成梁的塌落。或梁端无梁垫、或梁垫尺寸不足，在垂直方向地震作用下，梁下墙体出现垂直裂缝或将墙体压碎。许多混凝土预制空心板楼盖没有按要求施工，预制板

图 8-6　房屋木屋架破坏，引起半砖墙体脱开导致垮塌

之间连接很差，致使房屋的整体性差，地震中倒塌损毁严重，造成人员伤亡，见图 8-8。

图 8-7　楼梯间突出屋面部分贯通裂缝

图 8-8　屋盖破坏

7. 附属构件的破坏

　　房屋的附属结构是指：女儿墙、出屋面烟囱、附墙烟囱或垃圾道、突出屋面的屋顶间等。由于该部分的质量和刚度突然变小，地震时将产生"鞭梢效应"，使得突出屋面的附属结构地震反应增强，容易产生破坏。另外，由于隔墙、外廊栏杆等非结构构件与建筑物本身的连接较差，地震时造成大量的破坏，见图 8-9。

图 8-9　因"鞭梢效应"而破坏的屋顶突出部分

8.1.2 震害原因分析

砌体结构房屋在地震中往往破坏严重，其根本原因是由于地震作用在结构中产生的效应（内力、应力）超过了结构材料的抗力或强度。具体主要原因有以下几个方面：

1. 场地条件不利

房屋场地的选择直接决定房屋的震害程度。由于地质构造不同，场地卓越周期不同，当场地的卓越周期与多层房屋的自振周期相近时，地基与房屋产生共振作用，加大了震害，更容易造成房屋的严重破坏。

2. 抗震设计不合理

（1）抗震缝宽度不够。两栋房屋之间或"L""T"形等房屋在结合部位没有设置抗震缝，或抗震缝宽度不够，再加上地震作用下两栋房屋的振动频率也可能不一样，振型也不一样，那么两栋房屋之间若产生相互碰撞，将使相邻部位震害明显加重。

（2）房屋的平立面布置不规则。例如，房屋承重墙布置不对称，使房屋平面刚度不均匀，各部分连接处的变形突然变化而产生应力集中；房屋的刚度中心和质量中心不重合，地震时使房屋绕刚度中心产生扭转而加重震害。

（3）竖向刚度突变。有的房屋上面局部多加一层，因"鞭梢效应"而严重破坏。

（4）未设置圈梁和构造柱。

3. 施工质量的影响

（1）砖或砂浆的强度等级低于设计值。

（2）施工过程中工人责任心不强。例如，砌筑过程中砌体没有浇水，使砂浆中的水分很快被砌体吸收，影响砂浆的保水性，从而降低砂浆的黏结强度；砌筑时砂浆厚度过厚，降低砌体结构强度。

（3）砌筑方法错误。在墙体接头处留的都是直槎，并且没有设置拉接筋，降低墙体的整体性。

4. 竖向地震作用

对于接近震中地区的房屋，竖向地震作用的影响不能忽视，对于受竖向地震作用明显的房屋，表现为上部比下部震害严重。

8.2 砌体结构房屋的抗震概念设计

抗震设计首先要掌握结构构件的特性，在此基础上进一步掌握整体结构的性能。现有的各种抗震计算方法都是基于一定的计算假定。由于结构个体的特殊性以及地震运动的复杂性，使得数值计算很难准确地计算结构在地震作用下的实际受力状态和变形。地震运动的复杂性和历次震害的教训告诉我们，和数值计算相比，抗震概念设计显得更为重要。国际上许多知名的结构设计大师都非常重视概念设计在抗震设计中的运用，美国加州大学教授V. Bertero 提出：到现在，抗震设计可以说仍是一种艺术，很大程度靠工程师的判断，而判断则来自概念的积累。

抗震概念设计是保证结构具有优良抗震性能的一种方法，加强抗震概念设计，是砌体结构房屋设计的重中之重。概念设计包含极为广泛的内容：选择对抗震有利的结构方案和布置，采取增强整体刚度的措施，设计延性结构和构件，分析结构薄弱部位并采取加强措施，防止局部破坏引起连锁效应等。掌握抗震概念设计方法，灵活、恰当地运用抗震设计原则，有助于做到比较合理地进行抗震设计。

1. 建筑平、立面及结构布置

砌体房屋抗震设计的关键是建筑布置与结构选型。砌体房屋建筑平面、立面的布置对房屋的抗震性能影响极大。如果建筑的平、立面布置不合理，再试图通过提高墙体抗震强度或加强构造措施来提高其抗震能力，将是困难且不经济的。

多层砌体房屋建筑平、立面布置的基本要求是规则、均匀、对称，避免房屋质量和刚度发生突变，避免楼层错层等。

多层砌体房屋结构布置的基本原则是：

（1）优先采用横墙承重或纵横墙共同承重的结构体系。

（2）纵横墙砌体抗震墙宜对称、均匀布置，沿平面内宜对齐，沿竖向应上下连续，并且两个方向的墙体数量不宜相差过大；同一轴线上墙体宜等宽均匀，沿竖向宜上下连续。

（3）平面轮廓凹凸尺寸，不宜超过典型尺寸的 50%。

（4）楼板局部大洞口的尺寸不宜超过楼板宽度的 30%。

（5）房屋错层的楼板高差超过 500mm 时，应按两层计算。

（6）在房屋宽度方向的中部应设置内纵墙，其累计长度不宜小于房屋总长度的 60%。

（7）楼梯间不宜设置在房屋的尽端和转角处。

2. 房屋的层数和总高度限制

大量震害表明，砌体房屋的震害与其总高度和层数有密切关系。随层数增加，震害随之加重，特别是房屋的倒塌率与房屋的层数成正比。四、五层砖房的震害明显比二、三层砖房重，六层砖房的震害程度就更重。因此，对房屋的总高度和层数必须加以限制。结合《建筑与市政工程抗震通用规范》（GB 55002—2021）和《建筑抗震设计规范（2016 年版）》（GB 50011—2010）的规定，丙类砌体房屋的层数和总高度限值不应超过表 8-1 的限值。

各层横墙较少的多层砌体房屋（横墙较少是指同一楼层内开间大于 4.2m 的房间占该层总面积的 40% 以上），总高度应比表 8-1 中的规定降低 3m，层数相应减少一层；各层横墙很少的多层砌体房屋（横向较少的多层砌体房屋中，开间不大于 4.2m 的房间占该层总面积不到 20% 且开间大于 4.8m 的房间占该层总面积的 50% 以上为横墙很少），还应再减少一层。

抗震设防烈度为 6、7 度时，横墙较少的丙类多层砌体房屋，当按现行国家标准相关规定采取加强措施并满足抗震承载力要求时，其高度和层数应允许仍按表 8-1 中的规定采用。

表 8-1　　　　　　　　　　丙类砌体房屋的层数和总高度限值　　　　　　　　　　　　　m

房屋类别		最小墙厚度（mm）	设防烈度和设计基本地震加速度											
			6		7				8				9	
			0.05g		0.10g		0.15g		0.20g		0.30g		0.40g	
			高度	层数	高度	层数	高度	层数	高度	层数	高度	层数	高度	层数
多层砌体房屋	普通砖	240	21	7	21	7	21	7	18	6	15	5	12	4
	多孔砖	240	21	7	21	7	18	6	18	6	15	5	9	3
	多孔砖	190	21	7	18	6	15	5	15	5	12	4	—	—
	小砌块	190	21	7	21	7	18	6	18	6	15	5	9	3

续表

房屋类别		最小墙厚度 (mm)	设防烈度和设计基本地震加速度												
			6		7				8				9			
			0.05g		0.10g		0.15g		0.20g		0.30g		0.40g			
			高度	层数	高度	层数	高度	层数	高度	层数	高度	层数	高度	层数		
底部框架-抗震墙砌体房屋	普通砖多孔砖	240	22	7	22	7	19	6	16	5	—	—	—	—		
	多孔砖	190	22	7	19	6	16	5	13	4	—	—	—	—		
	小砌块	190	22	7	22	7	19	6	16	5	—	—	—	—		

注　1. 房屋的总高度指室外地面到主要屋面板板顶或檐口的高度，半地下室从地下室室内地面算起，全地下室和嵌固条件好的半地下室应允许从室外地面算起；对带阁楼的坡屋面应算到山尖墙的 1/2 高度处。
　　2. 室内外高差大于 0.6m 时，房屋总高度应允许比表中的数据适当增加，但增加量应小于 1.0m。
　　3. 乙类的多层砌体房屋仍按本地区设防烈度查表，其层数应减少一层且总高度应降低 3m；不应采用底部框架-抗震墙砌体房屋。
　　4. 本表小砌块砌体房屋不包括配筋混凝土小型空心砌块房屋。

采用蒸压灰砂普通砖和蒸压粉煤灰普通砖的砌体房屋，当砌体的抗剪强度仅达到普通黏土砖砌体的 70% 时，房屋的层数应比普通砖房屋减少一层，总高度应减少 3m；当砌体的抗剪强度达到普通黏土砖砌体的取值时，房屋层数和总高度的要求同普通砖房屋。

多层砌体承重房屋的层高，不应超过 3.6m。当使用功能确有需要时，采用约束砌体等加强措施的普通砖房屋，层高不应超过 3.9m。

底部框架-抗震墙砌体房屋的底部，层高不应超过 4.5m；当底层采用约束砌体抗震墙时，底层的层高不应超过 4.2m。

3. 房屋的最大高宽比限制

房屋的高宽比是指房屋总高度与建筑平面最小宽度之比。当房屋的高宽比较大时，在地震倾覆力矩作用下，墙体水平截面产生的弯曲应力将超过砌体抗弯强度，房屋易发生整体弯曲破坏，具体表现为底层外纵墙产生水平裂缝，并向内延伸至横墙。《建筑抗震设计规范（2016 年版）》（GB 50011—2010）通过限制房屋高宽比的规定来确保砌体房屋不发生整体弯曲破坏，因而在抗震强度验算时只验算墙片的抗剪强度，不再进行整体弯曲强度验算。为了使砌体房屋有足够的稳定性和整体抗弯能力，多层砌体房屋最大高宽比应满足表 8-2 的要求。

表 8-2　　　　　　　　　多层砌体房屋最大高宽比

烈度	6 度	7 度	8 度	9 度
最大高宽比	2.5	2.5	2.0	1.5

注　1. 单面走廊房屋总宽度不包括走廊宽度。
　　2. 建筑平面接近正方形时，其高宽比宜适当减少。

4. 抗震横墙的间距限制

抗震横墙的多少直接影响房屋的空间刚度。横墙数量少，横墙间距就大。纵墙的侧向支撑就少，房屋的整体抗震性能就差；反之，房屋的整体抗震性能就好。另外，横墙间距过大，楼盖在侧向力作用下支撑点的间距就大，楼盖就可能发生过大的平面内变形，从而不能有效地将水平地震作用均匀地传送至各抗侧力构件，特别是纵墙有可能发生较大的出平面弯曲，导致破坏。因此，为了保证结构的空间整体刚度，保证楼盖具有足够的平面内刚度以传递水平地震作用，结合《建筑与市政工程抗震通用规范》（GB 55002—2021）和《建筑抗震设计规范》（GB 50011—2010）（2016 年版）的规定，多层砌体房屋的抗震横墙间距，不应超过表 8-3 的规定。

表 8-3　　　　　　　　　　　　　多层砌体房屋抗震横墙的最大间距　　　　　　　　　　　　　m

房屋类别		烈度			
		6	7	8	9
多层砌体房屋	现浇或装配整体式钢筋混凝土楼、屋盖	15	15	11	7
	装配式钢筋混凝土楼、屋盖	11	11	9	4
	木屋盖	9	9	4	—
底部框架-抗震墙砌体房屋	上部各层	同多层砌体房屋			
	底层或底部两层	18	15	11	—

注　1. 多层砌体房屋的顶层，除木屋盖外的最大横墙间距应允许适当放宽，但应采取相应加强措施。
　　2. 多孔砖抗震横墙厚度为 190mm 时，最大横墙间距应比表中数值减少 3m。

5. 房屋的局部尺寸限制

在强烈地震作用下，房屋首先在局部薄弱部位破坏。这些薄弱部位一般是窗间墙、突出屋顶的女儿墙等。当房屋局部某些墙体的尺寸过小，地震时很容易开裂，或局部倒塌。为了避免砌体结构房屋出现抗震薄弱部位，防止因局部破坏引起整栋房屋的破坏甚至倒塌，《建筑抗震设计规范》（GB 50011—2010）规定砌体房屋的局部尺寸应符合表 8-4 的要求。

表 8-4　　　　　　　　　　　　　　房屋的局部尺寸限值　　　　　　　　　　　　　　　m

部位	地震烈度			
	6	7	8	9
承重窗间墙最小宽度	1.0	1.0	1.2	1.5
承重外墙尽端至门窗洞边的最小距离	1.0	1.0	1.2	1.5
非承重外墙尽端至门窗洞边的最小距离	1.0	1.0	1.0	1.0
内墙阳角至门窗洞边的最小距离	1.0	1.0	1.5	2.0
无锚固女儿墙（非出入口处）的最大高度	0.5	0.5	0.5	0.0

注　1. 局部尺寸不足时应采取局部加强措施弥补，且最小宽度不宜小于 1/4 层高和表列数据的 80%。
　　2. 出入口处的女儿墙应有锚固。

6. 防震缝的设置

砌体房屋的各个单元由于使用上的要求，出现不同的高度或错层、不同的结构类型、承受不同的使用荷载等状况，造成了房屋各单元刚度、质量的差异。这样，在水平地震作用下，由于单元间地震反应不协调，房屋各单元相互碰撞，致使震害加重。《建筑抗震设计规范》（GB 50011—2010）规定：房屋有下列情况之一时宜设置防震缝，缝两侧均应设置墙体，缝宽应根据烈度和房屋高度确定，可采用 70～100mm。宜设置防震缝的情况：

（1）房屋立面高差在 6m 以上。

（2）房屋有错层，且楼板高差大于层高的 1/4。

（3）各部分结构刚度、质量截然不同。

8.3　砌体结构房屋抗震构造设计

由于墙片与墙片、楼屋盖之间及房屋局部等连接强度很难进行计算，必须采取若干构造措施来保证小震作用下各构件间的连接强度满足使用要求。结构抗震构造设计的主要目的在于通过采取加强房屋整体性及加强连接等一系列构造措施来提高房屋的变形能力，保证抗震设计结构抗震构造措施目标的实现、弥补抗震计算的不足，确保房屋大震不倒。

根据构造措施设置的主要目的，可将构造措施分成加强房屋整体性的构造措施和加强构件间连接的构造措施两大部分，主要表现在以下四个方面：

（1）加强结构的连接。

（2）设置钢筋混凝土构造柱。

（3）合理布置圈梁。

（4）重视楼梯的设计。

8.3.1　多层砖房屋抗震构造措施

汶川地震中受灾建筑多为砌体结构，而这些建筑受灾的主要原因在于工程师不合理的结构设计。图 8-10 所示为北川县的一处自建民宅，因增设了圈梁和构造柱，经受住了大地震的考验。图 8-11 所示为北川县陈家坝的一处自建房，震后完好，而它旁边的砖木结构房屋倒塌。这类房屋虽然未经过正规的设计和施工，但由于建造过程中贯彻了设置圈梁和构造柱的理念，提高了结构的整体性，因此达到了"小震不坏、中震可修、大震不倒"的设防目标。

图 8-10　北川某自建民宅震后现状　　　　　图 8-11　北川陈家坝某自建房震后现状

（1）设置钢筋混凝土构造柱。

震害分析和试验表明，在多层砖房中的适当部位设置钢筋混凝土构造柱（以下简称构造柱）并与圈梁连接形成约束墙体的封闭框，可以明显增强砌体结构的变形能力和抗侧力能力；设构造柱的墙体在严重开裂后不致倒塌，可防止或减轻房屋的损坏程度，同时，构造柱还能提高砌体的抗剪强度 10%～30%。因此，在砌体结构中设置构造柱是较有效而经济的一种防止房屋倒塌的抗震构造措施。

1）构造柱设置部位和要求。

① 构造柱设置部位，一般情况下应符合表 8-5 的要求。

② 外廊式和单面走廊式的房屋，应根据房屋增加一层后的层数，按表 8-5 的要求设置构

造柱，且单面走廊两侧的纵墙均应按外墙处理。

③ 对教学楼、医院等横墙较少的房屋，应根据房屋增加一层后的层数，按表 8-5 的要求设置构造柱。当横墙较少的房屋为外廊式或单面走廊式时，应按上述"2)"中的要求设置构造柱；但 6 度不超过四层、7 度不超过三层和 8 度不超过二层时应按增加二层的层数对待。

④ 各层横墙很少的房屋，应按增加二层后的层数设置构造柱。

表 8-5　　　　　　　　　　　　多层砖砌体房屋构造柱设置要求

房屋层数				设置部位	
6 度	7 度	8 度	9 度		
四、五	三、四	二		楼、电梯间四角，楼梯斜梯段上下端对应的墙体处；外墙四角和对应转角；错层部位横墙与外纵墙交接处；大房间内外墙交接处；较大洞口两侧	隔 12m 或单元横墙与外纵墙交接处；楼梯间对应的另一侧内横墙与外纵墙交接处
六	五	四	二		隔开间横墙（轴线）与外墙交接处；山墙与内纵墙交接处
七	≥六	≥五	≥三		内墙（轴线）与外墙交接处；内墙的局部较小墙垛处；内纵墙与横墙（轴线）交接处

注　较大洞口，内墙指不小于 2.1m 的洞口；外墙在内外墙交接处已设置构造柱时应允许适当放宽，但洞侧墙体应加强。

2) 构造柱的构造要求。

① 构造柱的最小截面可为 180mm×240mm（墙厚 190mm 时为 180mm×190mm）；构造柱纵向钢筋宜采用 4 φ 12，箍筋直径可采用 6mm，间距不宜大于 250mm，且在柱上、下端适当加密；当 6、7 度超过六层、8 度超过五层和 9 度时，构造柱纵向钢筋宜采用 4 φ 14，箍筋间距不应大于 200mm；房屋四角的构造柱应适当加大截面及配筋。

② 构造柱与墙连接处应砌成马牙槎，沿墙高每隔 500mm 设 2 φ 6 水平钢筋和 φ 4 分布短筋平面内点焊组成的拉结网片或 φ 4 点焊钢筋网片，每边伸入墙内不宜小于 1m（图 8-12）。6、7 度时，底部 1/3 楼层，8 度时底部 1/2 楼层，9 度时全部楼层，上述拉结钢筋网片应沿墙体水平通长设置。

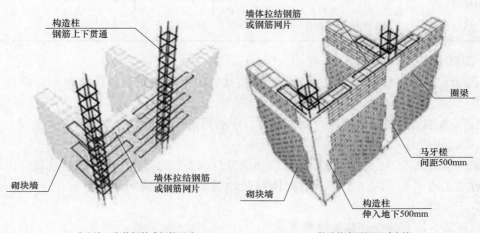

先砌墙，绑扎钢筋或钢筋网片　　　　　　　构造柱和圈梁同时浇筑

图 8-12　构造柱与墙体连接构造示意图

③ 构造柱与圈梁连接处，构造柱的纵筋应在圈梁纵筋内侧穿过，保证构造柱纵筋上下贯通。

④ 构造柱可不单独设置基础，但应伸入室外地面下500mm，或与埋深小于500mm的基础圈梁相连。

⑤ 房屋高度和层数接近表8-1的限值时，纵、横墙内构造柱间距尚应符合下列要求：

a. 横墙内的构造柱间距不宜大于层高的二倍；下部1/3楼层的构造柱间距适当减小。

b. 当外纵墙开间大于3.9m时，应另设加强措施。内纵墙的构造柱间距不宜大于4.2m。

⑥ 必须先砌墙，后浇筑构造柱。

（2）设置现浇钢筋混凝土圈梁

圈梁可加强墙体之间以及墙体与楼盖之间的连接，与钢筋混凝土构造柱或芯柱一起对墙体及房屋产生约束作用，增强房屋的整体性和空间刚度。此外，圈梁可抑制地基不均匀沉降造成的破坏，同时，圈梁还是减小构造柱计算长度，使其充分发挥抗震作用不可缺少的连接构件。震害调查表明，凡合理设置圈梁的房屋，其震害都较轻；否则，震害要重得多。因此，设置圈梁是提高房屋抗震能力，减轻震害的有效措施。

1）圈梁的设置。

① 装配式钢筋混凝土楼盖、屋盖或木楼盖、屋盖的砖房，横墙承重时应按表8-6的要求设置圈梁。纵墙承重时，抗震横墙上的圈梁间距应比表内要求适当加密。

② 现浇或装配整体式钢筋混凝土楼盖、屋盖与墙体有可靠连接的房屋，应允许不另设圈梁，但楼板沿墙体周边均应加强配筋，并应与相应的构造柱钢筋可靠连接。

表8-6　　　　　　　　　　多层砖砌体房屋现浇钢筋混凝土圈梁设置要求

墙类	烈度		
	6、7	8	9
外墙及内纵墙	屋盖处及每层楼盖处	屋盖处及每层楼盖处	屋盖处及每层楼盖处
内横墙	同上； 屋盖处间距不应大于4.5m，楼盖处间距不应大于7.2m； 构造柱对应部位	同上； 各层所有横墙，且间距不应大于4.5m； 构造柱对应部位	同上； 各层所有横墙

2）圈梁的构造。

① 圈梁应闭合，遇有洞口时圈梁应上下搭接，圈梁宜与预制板设在同一标高处或紧靠板底。

② 圈梁在表8-6要求的间距内无横墙时，应利用梁或板缝中配筋替代圈梁。

3）圈梁的截面尺寸及配筋。

圈梁的截面高度不应小于120mm，配筋应符合表8-7的配筋要求。在软弱黏性土、液化土、新近填土或严重不均匀土层上的砌体房屋的基础圈梁，截面高度不应小于180mm，配筋不应少于4Φ12。

（3）楼盖、屋盖构件搭接长度和连接。

地震作用主要集中在水平楼盖处，并通过楼盖与墙体的连接传给下层墙体。因此，楼板在墙上或梁上应有足够的支撑长度，罕遇地震下楼板不应跌落或拉脱；同时，楼盖与墙体应有可靠连接，以保证地震作用的传递。

表 8-7　　　　　　　　　　　　　　多层砖砌体房屋圈梁配筋要求

配筋	烈　　　度		
	6、7	8	9
最小纵筋	4Φ10	4Φ12	4Φ14
箍筋最大间距（mm）	250	200	150

1）现浇钢筋混凝土楼板或屋面板伸进纵、横墙内的长度，均不应小于120mm。

2）装配式钢筋混凝土楼板或屋面板，当圈梁未设在板的同一标高时，板端伸进外墙的长度不应小于120mm，伸进内墙的长度不应小于100mm或采用硬架支模连接，在梁上不应小于80mm或采用硬架支模连接。

3）当板的跨度大于4.8m并与外墙平行时，靠外墙的预制板侧边应与墙或圈梁拉结。

4）房屋端部大房间的楼盖，6度时房屋的屋盖和7～9度时房屋的楼、屋盖，当圈梁设在板底时，钢筋混凝土预制板应相互拉结，并应与梁、墙或圈梁拉结。

（4）楼、屋盖的钢筋混凝土梁或屋架应与墙、柱（包括构造柱）或圈梁可靠连接；不得采用独立砖柱。跨度不小于6m大梁的支承构件应采用组合砌体等加强措施，并满足承载力要求。

（5）对于多层砖房纵横墙之间的连接，6、7度时长度大于7.2m的大房间，以及8、9度时外墙转角及内外墙交接处，应沿墙高每隔500mm配置2Φ6的通长拉结钢筋和Φ4分布短筋平面内点焊组成的拉结网片或Φ4点焊网片。

（6）楼梯间尚应符合下列要求：

1）楼梯间及门厅内墙阳角处的大梁支承长度不应小于500mm，并应与圈梁连接。

2）不应采用悬挑式踏步或踏步竖肋插入墙体的楼梯，8、9度时不应采用装配式楼梯段；装配式楼梯段应与平台板的梁可靠连接，楼梯栏板不应采用无筋砖砌体。

3）顶层及出屋面的楼梯间，构造柱应伸到顶部，并与顶部圈梁连接，墙体应设置通长拉结钢筋网片。

4）顶层以下楼梯间墙体应在休息平台或楼层半高处设置钢筋混凝土带或配筋砖带，并与构造柱连接。

（7）坡屋顶房屋的屋架应与顶层圈梁可靠连接，檩条或屋面板应与墙、屋架可靠连接，房屋出入口处的檐口瓦应与屋面构件锚固。采用硬山搁檩时，顶层内纵墙顶宜增砌支承山墙的踏步式墙垛，并设置构造柱。

（8）门窗洞处不应采用砖过梁。过梁支承长度，6～8度时不应小于240mm，9度时不应小于360mm。

（9）预制阳台，6、7度时应与圈梁和楼板的现浇板带可靠连接，8、9度时不应采用预制阳台。

（10）后砌的非承重砌体隔墙，烟道、风道、垃圾道等应符合《建筑抗震设计规范》"建筑非结构构件的基本抗震措施"的相关规定。

（11）同一结构单元的基础（或桩承台），宜采用同一类型的基础，底面宜埋置在同一标高上，否则应增设基础圈梁并应按1：2的台阶逐步放坡。

（12）丙类的多层砖砌体房屋，当横墙较少且总高度和层数接近或达到表 8-1 规定限值时，应采取下列加强措施：

1）房屋的最大开间尺寸不宜大于 6.6m。

2）同一结构单元内横墙错位数量不宜超过横墙总数的 1/3，且连续错位不宜多于两道；错位的墙体交接处均应增设构造柱，且楼、屋面板应采用现浇钢筋混凝土板。

3）横墙和内纵墙上洞口的宽度不宜大于 1.5m；外纵墙上洞口的宽度不宜大于 2.1m 或开间尺寸的一半；且内外墙上洞口位置不应影响内外纵墙与横墙的整体连接。

4）所有纵横墙均应在楼、屋盖标高处设置加强的现浇钢筋混凝土圈梁：圈梁的截面高度不宜小于 150mm，上下纵筋各不应少于 3Φ10，箍筋不小于 Φ6，间距不大于 300mm。

5）所有纵横墙交接处及横墙的中部，均应增设满足下列要求的构造柱：在纵、横墙内的柱距不宜大于 3.0m，最小截面尺寸不宜小于 240mm×240mm（墙厚 190mm 时为 240mm×190mm），配筋宜符合表 8-8 的要求。

表 8-8　　　　　　　　　增设构造柱的纵筋和箍筋设置要求

位置	纵向钢筋			箍筋		
	最大配筋率（%）	最小配筋率（%）	最小直径（mm）	加密区范围（mm）	加密区间距（mm）	最小直径（mm）
角柱	1.8	0.8	14	全高	100	6
边柱			14	上端 700 下端 500		
中柱	1.4	0.6	12			

6）同一结构单元的楼、屋面板应设置在同一标高处。

7）房屋底层和顶层的窗台标高处，宜设置沿纵横墙通长的水平现浇钢筋混凝土带；其截面高度不小于 60mm，宽度不小于墙厚，纵向钢筋不少于 2Φ10，横向分布筋的直径不小于 Φ6 且其间距不大于 200mm。

（13）砌体结构房屋中的构造柱、芯柱、圈梁及其他各类构件的混凝土强度等级不应低于 C25。

8.3.2　多层砌块房屋抗震构造措施

1. 设置钢筋混凝土芯柱

为了增加混凝土小砌块房屋的整体性和延性，提高其抗震能力，可结合空心砌块的特点，在墙体的适当部位将砌块竖孔浇筑成钢筋混凝土芯柱。

（1）芯柱设置部位及数量。多层小砌块房屋应按表 8-9 的要求设置钢筋混凝土芯柱。对外廊式和单面走廊式的多层房屋、横墙较少的房屋，应根据房屋增加一层后的层数，按表 8-9 的要求设置芯柱。各层横墙很少的房屋，应按增加二层的层数，按表 8-9 的要求设置芯柱。

（2）多层小砌块房屋的芯柱要求。

1）小砌块房屋芯柱截面不宜小于 120mm×120mm。

2）芯柱的竖向插筋应贯通墙身且与圈梁连接；插筋不应小于 1Φ12，6、7 度时超过五层、8 度时超过四层和 9 度时，插筋不应小于 1Φ14。

3）芯柱应伸入室外地面下 500mm 或与埋深小于 500mm 的基础圈梁相连。

4）为提高墙体抗震受剪承载力而设置的芯柱，宜在墙体内均匀布置，最大净距不宜大于 2.0m。

表 8-9　　　　　　　　　　　　多层小砌块房屋芯柱设置要求

房屋层数				设置部位	设置数量
6 度	7 度	8 度	9 度		
四、五	三、四	二、三		外墙转角，楼、电梯间四角、楼梯斜梯段上端对应的墙体处； 大房间内外墙交接处； 错层部位横墙与外纵墙交接处； 隔 12m 或单元横墙与外纵墙交接处	外墙转角，灌实 3 个孔； 内外墙交接处，灌实 4 个孔； 楼梯斜梯段上下端对应的墙体处，灌实 2 个孔
六	五	四		外墙转角，楼、电梯间四角、楼梯斜梯段上下端对应的墙体处； 大房间内外墙交接处； 错层部位横墙与外纵墙交接处； 隔 12m 或单元横墙与外纵墙交接处； 隔开间横墙（轴线）与外纵墙交接处	
七	六	五	二	外墙转角，楼、电梯间四角、楼梯斜梯段上下端对应的墙体处； 大房间内外墙交接处； 错层部位横墙与外纵墙交接处； 隔 12m 或单元横墙与外纵墙交接处； 隔开间横墙（轴线）与外纵墙交接处； 各内墙（轴线）与外纵墙交接处； 内纵墙与横墙（轴线）交接处和洞口两侧	外墙转角，灌实 5 个孔； 内外墙交接处，灌实 4 个孔； 内墙交接处，灌实 4~5 个孔； 洞口两侧各灌实 1 个孔
一	七	≥六	≥三	外墙转角，楼、电梯间四角、楼梯斜梯段上下端对应的墙体处； 大房间内外墙交接处； 错层部位横墙与外纵墙交接处； 隔 12m 或单元横墙与外纵墙交接处； 隔开间横墙（轴线）与处纵墙交接处； 各内墙（轴线）与外纵墙交接处； 内纵墙与横墙（轴线）交接处和洞口两侧； 横墙内芯柱间距不大于 2m	外墙转角，灌实 7 个孔； 内外墙交接处，灌实 5 个孔； 内墙交接处，灌实 4~5 个孔； 洞口两侧各灌实 1 个孔

注　外墙转角、内外墙交接处、楼电梯间四角等部位，应允许采用钢筋混凝土构造柱替代部分芯柱。

5）多层小砌块房屋墙体交接处或芯柱与墙体连接处应设置拉结钢筋网片，网片可采用直径 4mm 的钢筋点焊而成，沿墙高间距不大于 600mm，并应沿墙体水平通长设置。6、7 度时底部 1/3 楼层，8 度时底部 1/2 楼层，9 度时全部楼层，上述拉结钢筋网片沿墙高间距不大于 400mm。

2. 替代芯柱的钢筋混凝土构造柱

（1）构造柱截面不宜小于 190mm×190mm，纵向钢筋宜采用 4Φ12，箍筋间距不宜大于 250mm，且在柱上下端应适当加密；6、7 度时超过五层、8 度时超过四层和 9 度时，构造柱纵向钢筋宜采用 4Φ14，箍筋间距不应大于 200mm；外墙转角的构造柱可适当加大截面及配筋。

（2）构造柱与砌块墙连接处应砌成马牙槎，与构造柱相邻的砌块孔洞，6 度时宜填实，7 度时应填实，8、9 度时应填实并插筋。构造柱与砌块墙之间沿墙高每隔 600mm 设置 Φ4 点焊拉结钢筋网片，并应沿墙体水平通长设置。6、7 度时底部 1/3 楼层，8 度时底部 1/2 楼层，9 度全部楼层，上述拉结钢筋网片沿墙高间距不大于 400mm。

（3）构造柱与圈梁连接处，构造柱的纵筋应在圈梁纵筋内侧穿过，保证构造柱纵筋上下贯通。

（4）构造柱可不单独设置基础，但应伸入室外地面下 500mm，或与埋深小于 500mm 的基础圈梁相连。

3. 钢筋混凝土圈梁的设置

多层小砌块房屋的现浇钢筋混凝土圈梁的设置位置应按多层砖砌体房屋圈梁的要求执行，圈梁宽度不应小于 190mm，配筋不应少于 4Φ12，箍筋间距不应大于 200mm。

4. 丙类房屋的加强措施

丙类的多层小砌块房屋，当横墙较少且总高度和层数接近或达到表 8-1 规定限值时，应符合 8.3.1 中第 12 条的相关要求；其中，墙体中部的构造柱可采用芯柱替代，芯柱的灌孔数量不应少于 2 孔，每孔插筋的直径不应小于 18mm。

5. 其他构造规定

（1）多层小砌块房屋的层数，6 度时超过五层、7 度时超过四层、8 度时超过三层和 9 度时，在底层和顶层的窗台标高处，沿纵横墙应设置通长的水平现浇钢筋混凝土带；其截面高度不小于 60mm，纵筋不少于 2Φ10，并应有分布拉结钢筋；其混凝土强度等级不应低于 C20。水平现浇混凝土带亦可采用槽形砌块替代模板，其纵筋和拉结钢筋不变。

（2）小砌块房屋的其他抗震构造措施，尚应符合 8.3.1 中第 3～11 条有关要求。其中，墙体的拉结钢筋网片间距应分别取 600mm 和 400mm。

关于配筋砌体房屋及底部框架房屋抗震构造措施详见《砌体结构设计规范》及《建筑抗震设计规范》。

本章小结

（1）砌体结构材料属于脆性材料，其抗震性能较差。因此，应重视砌体结构房屋的抗震设计。了解房屋可能发生的震害情况，以及产生这些震害的原因，掌握防止震害发生的具体措施。

（2）抗震概念设计是保证建筑结构具有优良抗震性能的一种方法，掌握抗震概念设计方法，有助于做到比较合理地进行抗震设计。

（3）砌体房屋建筑平面、立面的如果布置不合理，难以保证房屋抗震能力，且会造成不经济；砌体房屋的震害随层数增加而加重，因此，对房屋的总高度和层数必须加以限制；当房屋的高宽比较大时，在地震作用下，房屋易发生整体弯曲破坏，为保证房屋整体稳定和抗弯能力，应限制最大高宽比；房屋横墙数量少、间距大，房屋的空间刚度差，整体抗震性能差，因此，应限制多层砌体房屋抗震横墙的最大间距；为防止在强震作用下，局部薄弱部位破坏，规定了砌体房屋局部尺寸的最小限值。此外，在房屋各单元刚度和质量存在差异时，应考虑设置防震缝，以减轻震害。

（4）为加强砌体房屋的整体性，弥补抗震计算的不足，确保房屋的抗震能力，《砌体规范》以及《建筑抗震设计规范》（GB 50011—2010）对砌体结构的材料、构造柱、圈梁设置、楼梯间以及其他一些薄弱部位都做了具体规定。

思 考 题

8-1　砌体结构房屋可能会有哪些震害？

8-2　震害的原因主要有哪几方面？

8-3　建筑平、立面及结构布置应注意什么？

8-4　为什么要限制多层砌体房屋的总高度和层数？为什么要控制房屋最大高宽比？

8-5　为什么要限制多层砌体房屋抗震横墙的最大间距？为什么规定了砌体房屋的局部尺寸限值？

8-6　简述圈梁和构造柱对砌体结构的抗震作用及其相应规定。

8-7　多层砖房的现浇钢筋混凝土构造柱和圈梁应符合哪些要求？

8-8　在建筑抗震设计中为什么要重视构造措施？

参 考 文 献

［1］ 东南大学，同济大学，郑州大学，等. 砌体结构. 5版. 北京：中国建筑工业出版社，2023.

［2］ 蒋建清，郭光玲. 砌体结构. 武汉：武汉理工大学出版社，2014.

［3］ 唐岱新. 砌体结构. 3版. 北京：高等教育出版社，2013.

［4］ 周坚. 钢筋混凝土与砌体结构. 2版. 北京：清华大学出版社，2012.

［5］ 张建勋. 砌体结构. 4版. 武汉：武汉理工大学出版社，2012.

［6］ 何培玲，尹维新. 砌体结构. 2版. 北京：北京大学出版社，2013.

［7］ 安静波. 砌体结构. 北京：中国电力出版社，2011.